STEFAN MARXER

Pilzvergnügt

DIE SCHÄTZE DES WALDES AUFSPÜREN

Suchen, sammeln, satt sein das ganze Jahr

*mit Fotografien
von Rupert Pessl und
Stefan Marxer*

löwenzahn

Lust auf Sammeln, Abenteuer im Wald und großartigen Pilzgenuss?

Hier geht's lang!

Es geht los: Auf in den Wald!

→ ***Lust auf noch mehr Pilzwissen?*** Besuche meinen YouTube-Kanal Mykohunter365 und mein Instagram-Profil 4seasonwild-foods – dort findest du weitere Infos und Videos rund um das Thema Pilzesammeln.

Liebe Pilzliebhaberin und
lieber Sammelbegeisterter,

bevor wir uns gemeinsam in die Tiefen des Pilzuniversums begeben, möchte ich mich kurz bei dir vorstellen. Ich bin Agrarwissenschaftler und befinde mich gerade im Endspurt meines Doktorratsstudiums. Mein Forschungsschwerpunkt liegt im Wintergemüseanbau, der dir vielleicht aus dem Repertoire des Löwenzahn Verlags bereits bekannt ist. Wenn ich mich nicht gerade zwischen Gemüsefeldern und Labor bewege, findest du mich mit ziemlicher Sicherheit in anderen grünen Gefilden: im Wald. Dort kann ich meiner wissenschaftlichen Neugier genauso wie meiner Nase nachgehen: um den Pilzen auf die Spur zu kommen und ihnen das eine oder andere Geheimnis zu entlocken. Seit Kindertagen üben die bunten Waldbewohner eine besondere Faszination auf mich aus. Ich kann euch verraten: Im Laufe meiner Sammelkarriere habe ich schon einige solcher Geheimnisse lüften können. Und diese möchte ich hier gern mit euch teilen. Von einem begeisterten Pilzsucher zu anderen Pilzbegeisterten und allen, die es noch werden wollen.

In der Welt der Pilze gibt es so viel zu entdecken!
Was dich erwartet? Eine abenteuerliche Reise durch alle Jahreszeiten, auf der wir versuchen, den rätselhaftesten Versteckspielern der Natur auf die Schliche zu kommen. Du hast richtig gelesen: Pilze gibt es nicht nur im Sommer und Herbst, sondern zu jeder Zeit! Wenn du auf die richtigen Zeichen achtest und deine detektivischen Sinne aktivierst, ist die nächste Pilzüberraschung oft nicht mehr weit.

Lieblingspilze für das ganze Jahr
In diesem Buch möchte ich dir rund 40 meiner Lieblingspilze vorstellen, die du zu den unterschiedlichen Jahreszeiten an verschiedensten Standorten finden kannst. Abseits von Steinpilz und Pfifferling zeige ich dir, an welch unscheinbarer Köstlichkeit man des Öfteren einfach vorbeimarschiert. Am Ende unserer Reise schauen wir uns an, wie du deine Schätze nach erfolgreicher Sammeltour am besten in die Pfanne hauen kannst. Pilze haben nämlich noch ein verborgenes Talent: Sie bieten vielfältigste Geschmackserlebnisse und sind ein wahres Superfood.

Komm mit auf eine ganz und gar – und im wahrsten Sinne des Wortes – atemberaubende Reise. Mit diesem Buch möchte ich dir nachvollziehbare und praxisrelevante Tipps und Tricks mit auf den Weg geben. Aus bald 25 Jahren Sammelerfahrung möchte ich dir die Grundlagen des „Handwerks“ Pilzesammeln vermitteln, geheime Insidertipps mit dir teilen, lustige und erstaunliche Geschichten erzählen und die Faszination für diese alte, in Vergessenheit geratene Sammelkunst und -freude neu entfachen!

Als umfassender Begleiter bei deiner Suche steht dir dieses Buch dabei immer zur Verfügung.

Ich wünsche dir aufregende Pilzjagden, viele reiche Funde und fantastische Geschmackserlebnisse.

Stefan Marxer

→ ***Lust auf noch mehr Pilzwissen?*** Besuche meinen YouTube-Kanal Mykohunter365 und mein Instagram-Profil 4seasonwildfoods – dort findest du weitere Infos und Videos rund um das Thema Pilzesammeln.

Was das Pilzesammeln so großartig macht

Wer sich auf den Weg in den Wald macht, um Essbares zu sammeln, und dann mit einem vollen Korb nach Hause kommt, ist vor allem eines: stolz. Aber das ist noch lange nicht alles!

Auf Entdeckungsjagd in die Natur zu gehen, macht auf eine ganz tief liegende, ursprüngliche Art zufrieden. Wenn du suchend durch den Wald streifst, die Augen auf den Boden fixiert, über Wurzeln und steile Hänge steigst, dann fühlst du dich in Jäger-und-Sammler-Zeiten zurückversetzt. Es ist ein Abenteuer! Die Pilzsuche wird dich ins Schwitzen bringen, begeistern, dich an die entlegensten Orte führen und mit vielen frischen Köstlichkeiten belohnen. Wenn du dich in die Natur begibst und in die Welt der Pilze eintauchst, geht es dir auf der Stelle besser. Der Stress des Alltags schmilzt von deinen Schultern. Die Natur erdet dich wieder. Du spürst eine tiefe Verbindung zu ihr. Du lernst sie mehr und mehr zu schätzen und eine neue Sichtweise auf sie kennen.

In diesem Sinne beschäftigen wir uns im folgenden Kapitel mit den Hintergründen des Sammelns: Welche Bedeutung es für uns Menschen hat, warum es so befreiend ist und warum sich pure Glücksgefühle in uns ausbreiten, sobald wir den ersten Schritt ins Waldinnere setzen. Und: Wir schauen uns an, welchen Wert selbst gesammeltes Essen für uns haben kann. Wenn du noch nicht sicher bist, ob das Pilzesammeln dein Ding ist, bist du hier richtig. Jetzt heißt es: durchblättern, vom Pilzfieber anstecken lassen und losmarschieren!

Früh übt sich: ein bis heute unvergessener Steinpilzfund aus dem Jahr 1998! Warum ich trotzdem ein etwas zerknirschtes Gesicht mache? Das liegt daran, dass ich nur das „kleinere" Exemplar dieser zwei Giganten entdeckt hatte.

Die Pilze und ich – eine lebenslange Freundschaft

Die Geschichte mit mir und den Pilzen begann vor langer Zeit. Mit ihnen bin ich aufgewachsen. Durch die unmittelbare Nähe unseres Kleingartens zum Wienerwald war es für meine Eltern selbstverständlich, mich von klein auf zu ihren Spazier- und Suchgängen mitzunehmen. Stundenlang habe ich mich in den Wiesen und Wäldern herumgetrieben. Blumen, Käfer, Vögel und Pilze zu beobachten und zu dokumentieren, war eine sehr willkommene Freizeitbeschäftigung für mich – und ist es zum Glück bis heute geblieben!

Und die Siegerin ist ... die liebe Omi!

Gern erinnere ich mich an unvergessliche Erfolgserlebnisse rund um das Pilzesuchen zurück. Die Jagd nach dem ersten und letzten Steinpilz jeder Saison ist bis heute etwas Besonderes in unserer Familie und wird jedes Jahr mit einem Preis ausgezeichnet! Üblicherweise wird dieses Duell zwischen mir und meinem Vater entschieden, da die Aufmerksamkeit meiner Mutter meistens von unserer übermütigen Dackel-Terrier-Hündin Lily in Anspruch genommen wird. Eine unerwartete Siegerin gab es jedoch vor ein paar Jahren. Meine fast 80-jährige Großmutter begab sich eines schönen Frühsommertages mit uns auf die Suche. Nach einiger Zeit, ohne die geringste Pilzfährte, beschloss meine Großmutter, eine Verschnaufpause an einem moosigen Plätzchen einzulegen. Und siehe da – unmittelbar neben ihr ragte der erste Sommersteinpilz aus dem Boden. Ein Eintrag in unsere Geschichtsbücher war ihr somit sicher.

Mittlerweile kann meine Großmutter leider nicht mehr mit auf die Suche gehen, aber ich freue mich trotzdem, regelmäßig meine Funde bei ihr abzuliefern. Als unsere Familienköchin mit mittlerweile 92 Jahren ist sie immer noch für die Zubereitung der besten Pilzgerichte zuständig. Pssst: Einige ihrer Spezialrezepte findest du im Rezeptteil am Ende des Buches (Seite 168).

So kannst du die Kinder schnell auf die Pilzfährte bringen!

Im Nachhinein betrachtet haben meine Eltern mich perfekt an das Pilzesuchen herangeführt. Als ich die meisten Büsche kaum überragte und folglich wenig selbst finden konnte, hatten meine Eltern den genialen Einfall, so zu tun, als könnten sie Pilze schon von Weitem riechen. Kaum ertönte das Signal „Hier riecht es nach Pilzen!“, wurde ich ganz aufgeregt und begann, mich in dem Gebiet genauer umzusehen. Prompt wurde ich fündig und war begeistert. Um ehrlich zu sein, dauerte es sogar sehr (sehr) lange, bis mir klar wurde, dass sie die Pilze bereits gefunden hatten und mich lediglich auf die richtige Spur bringen wollten.

Abgesehen von diesem Trick kann man beim Pilzesammeln aber tatsächlich seinen Geruchssinn trainieren und einsetzen – zum Beispiel beim Bestimmen verschiedenster Pilzarten (Seite 47) oder beim Qualitätscheck (Seite 62).

WILLKOMMEN IM BUNTEN PARALLELUNIVERSUM DER PILZE!

Tauch ein in den Wald und lerne seine Schätze kennen.

Fasst du den Entschluss, dich auf die Suche nach Pilzen zu begeben, wirst du bald feststellen: Es ist ein völlig neuer Kosmos, der sich dir eröffnet. Noch dazu einer, der direkt vor deiner Haustür liegt – und doch nahezu unbeachtet seine Fäden zieht. Mach dich darauf gefasst: Du wirst deine Umgebung plötzlich ganz anders wahrnehmen. Dir werden sich gänzlich unbekannte Düfte, Formen, Farben und Geschmäcker offenbaren. Du wirst die Welt mit anderen Augen sehen.

Eine mutige Behauptung, und doch eine Erfahrung, die ich oft beobachten konnte: Wenn du dich regelmäßig auf die Suche nach Pilzen machst, wirst du schnell merken, dass du dich tiefer mit deiner Umgebung auseinandersetzt. Du tauchst ein in die Natur und ihre Kreisläufe, bemerkst Dinge, an denen du vorher einfach vorbeigegangen bist. Ganz konkret: Als ambitionierter Pilzsucher und motivierte Pilzsammlerin wirft man einen genaueren Blick auf Niederschläge, Temperaturen, Baumbestände sowie Anzeigerpflanzen und beginnt mit der Zeit, auch dem vermeintlich Unscheinbaren mehr Beachtung zu schenken. Daraus entwickeln sich nach und nach eine allgemein stärkere Verbindung mit der Natur und eine Wertschätzung allen uns umgebenden Lebewesen gegenüber.

Lasst uns diese fantastischen Wesen neu entdecken!

In den unzähligen Gesprächen, die zu diesem Buch beigetragen haben, ist mir eines klar geworden: Das Interesse am Pilzesammeln ist ungeheuer groß. Ob klein, groß, jung oder alt: Alle können sich auf die Suche machen. Aber: Manche trauen sich noch nicht so recht, sich auf das Abenteuer Pilzjagd einzulassen. Das uralte Wissen um das Sammeln scheint in letzter Zeit etwas in Vergessenheit geraten zu sein. Daher ist es an der Zeit, gemeinsam eine neue Sichtweise auf dieses Handwerk zu entwickeln – eine, die auf die natürlichen Vorkommen dieser Naturschätze Rücksicht nimmt (Seite 69) und uns gleichzeitig ihre vielseitigen kulinarischen Verwendungsmöglichkeiten (Seite 150) voll auskosten lässt!

Alte Freunde und neue Bekannte: Suchen abseits von Steinpilz und Co.

Dabei gilt es, auch mal über den Pilz-Tellerrand zu schauen: Die Pilzklassiker Steinpilze und Pfifferlinge – oder Eierschwammerl, Eierschwämmli und wie sie auch regional heißen mögen – sind das Hauptziel der meisten Sammler und bestimmten auch die ersten Jahre meiner Karriere als Pilzsucher. Andere, weniger bekannte Pilze gelten oftmals als uninteressant, ungenießbar oder werden pauschal als giftig und „falsch" abgestempelt. Vor allem in den letzten Jahren, ausgelöst durch den spürbaren Rückgang vieler Pilzarten in meinen Suchgebieten, regte sich in mir ein zunehmendes Interesse an solchen vermeintlich „falschen" Pilzarten. Die Frage wurde immer lauter in mir: Sind diese zahlreichen bunten Pilze wirklich alle nicht zu gebrauchen? Dank intensiver Auseinandersetzung habe ich inzwischen eine eindeutige Antwort gefunden: ein klares Nein. Abseits von Steinpilz und Co. warten das ganze Jahr über unbeachtete Spitzenpilze auf uns. Und genau ihnen soll mit diesem Buch die verdiente Aufmerksamkeit geschenkt werden.

Warum du dir das Pilzesuchen zu Gemüte führen solltest

Du musst erst noch überzeugt werden, dass die Suche nach den Pilzen schon das Richtige für dich ist? Nichts leichter als das. Schau dir einfach die nächsten Abschnitte in diesem Kapitel etwas genauer an. Es gibt drei Gründe, warum du – jetzt, sofort – in deine Wanderschuhe schlüpfen und in den nächsten Wald düsen solltest:

Pilze sammeln macht fit. Ja, ehrlich! Probier's aus: Ein kurzer Ausflug in den Wald, ein paar Pilze hier, ein paar Pilze dort und du fühlst dich wie ein neuer Mensch. Versprochen. Fülle deine Lungen mit Waldluft, spüre den Schwung in deinen Beinen. Und sammle dabei ganz nebenbei dein nächstes Abendessen (Seite 14)!

Zurück zu deinen wilden Wurzeln: Wir Menschen sind einfach Sammelwesen. Was wir suchen und was wir finden, das essen wir am liebsten. Es liegt in unserer Natur. Möchtest du dich in Jäger-und-Sammler-Zeiten zurückversetzen? Schnapp dir deinen Korb und mach dich auf den Weg! (Seite 18)

Selbst gesammelt, selbst bestimmt: Wenn du dir dein eigenes Essen aus dem Wald holst, weißt du genau, was auf deinem Teller landet. Ein wertvolles Naturprodukt, das dich ein Stück weit unabhängiger macht. (Seite 20)

Eines steht fest: Je intensiver du dich mit diesen unglaublich vielseitigen Lebewesen beschäftigst, desto leichter wird es dir fallen, nach ihnen zu suchen und sie zu finden – bis dich schlussendlich das Pilzfieber nicht mehr loslässt!

Was dich hier erwartet? Umfassendes Pilzwissen, unbändige Sammelfreude und grandiose Geschmackserlebnisse!

In diesem Buch schauen wir uns gemeinsam an, was die Welt der Pilze für uns zu bieten hat. Wir werfen einen Blick auf die Bereicherung, die das Sammeln sowohl für unser Wohlbefinden als auch für unseren Speiseplan darstellt. Mit der Lupe bewaffnet inspizieren wir diese sagenhaften Lebewesen nach Stiel und Faden – um herauszufinden, wo sie sich am liebsten aufhalten und wie wir ihnen auf die Spur kommen. Und nicht zuletzt: Wie wir Sammelspaß in Hochgenuss verwandeln können. Sprich: Wie wir die Pilze zu unvergleichlichen, kostbaren Gerichten verarbeiten können. Kurzum: Du erfährst alles, was du je über diese eigenwilligen Waldbewohner wissen wolltest. Hier findest du Antworten auf deine Fragen:

- Welchen Nutzen hat das Sammeln für mich? (Kapitel „Was das Pilzesammeln so großartig macht", Seite 8)
- Was ist ein Pilz? Welche Arten von Pilzen gibt es? Welche Bedeutung haben sie für den Wald und sein Ökosystem? (Kapitel „Pilze und ihr Königreich", Seite 24)
- Wie und wo kann ich am besten nach Pilzen suchen? Wie sammle ich richtig, ohne der Umwelt zu schaden? (Kapitel „Pilze, soweit das Auge reicht", Seite 44)
- Welche Pilze finde ich in unseren heimischen Wäldern? Wann kann ich sie wo finden? (Kapitel „Die bunten Waldbewohner im Portrait", Seite 74)
- Wie kann ich meine Funde am besten weiterverarbeiten? (Kapitel „Pilze – eine Bereicherung für den Speiseplan", Seite 150)

WER SUCHET, DER FINDET: WOHLBEFINDEN IM WALD

Fit durch Pilzesammeln – wer hätte das gedacht! Ganz ohne Personal Trainer oder Fitnessstudio. Wer sich draußen bewegt, braucht kein teures Equipment. Fantastisch, nicht? Ab in den Wald mit dir!

Alles, was du für das Pilzesammeln brauchst, ist ein Taschenmesser, eine Stofftasche (oder einen Korb) und idealerweise ein gutes Paar Schuhe (Seite 58). Und schon kannst du dich auf den Weg machen. Was auf den ersten Blick vielleicht eher nach gemütlichem Spaziergang klingt, ist in der Realität ganz schön anstrengend. Aber: Es macht auch unglaublich viel Spaß. Ein kleines Beispiel: Für mich, der ich ansonsten eine starke Abneigung gegen jede Art von Ausdauersport hege, gibt es kein Halten mehr, sobald ich im Wald angekommen bin. Ich jage über Stock und Stein, jeden noch so steilen Berghang hinauf, oder hinab in Gräben, über umgestürzte Bäume. Alles, was sich mir im Wald in den Weg stellt, wird kurzerhand bezwungen, um meiner Nase und der besten Pilzspur zu folgen. So wird jede vermeintlich ruhige Suche schnell zum Erlebnis. Nicht nur, dass man als Detektiv des Waldes unterwegs ist und sich sein wertvolles und köstliches Essen selbst sammeln kann, es hält einen außerdem in Form. Also: Nichts wie los!

Wald tut gut

Pilze zu sammeln hält jung und weckt die Lebensgeister. Es ist wissenschaftlich erwiesen: Schon fünf Minuten im Wald senken deinen Stresslevel und deinen Blutdruck. Eine Erholung für Körper und Seele. Das Wandern, Über-Bäche-Hüpfen und Auf-Hügel-Klettern tut sein Übriges für Herz und Muskulatur.

Im Wald zur Natur zurückfinden: Spring hinein ins Sammelvergnügen!

Das kann jeder: Pilzesammeln für junge Hüpfer und alte Hasen

Es stimmt: Wer regelmäßig draußen unterwegs ist und sich an der frischen Luft bewegt, leistet die beste Vorsorge, um gesund und fit zu bleiben. Meine Eltern sind für mich das beste Beispiel: Die beiden, die aus ernährungswissenschaftlicher Sicht wahrscheinlich nicht gerade den gesündesten Lebensstil pflegen, halten sich mit täglichen Spaziergängen (mit ihrem Hund) und der Pilzsuche bei jeder Gelegenheit seit über 50 Jahren fit. Fakt ist: Wer regelmäßig auf Sammeltour geht, tut sich etwas Gutes.

Aber wer weiß, vielleicht liegt es auch an der Superkraft der Pilze. Wie? Richtig gehört: Pilze haben nämlich einiges auf den Lamellen: Sie stecken voller Eiweiß, Vitamine und Spurenelemente. Sie zählen inzwischen zu den geheimen Favoriten unter den Superfoods. Mehr dazu im Kapitel „Pilze – eine Bereicherung für den Speiseplan" (Seite 150).

Dass das Pilzesuchen weniger „Seniorensport" ist, wie es ja so gern betitelt wird, sondern vielmehr ein Ganzkörper-Workout, ist also nun geklärt. Und: Es gibt immerhin noch eine andere Altersgruppe, die sich fast am meisten dafür begeistern kann. Nämlich die quirligste überhaupt: Gerade Kinder mit ihrem unbändigen Bewegungsdrang lieben es, draußen herumzutollen.

Gleichzeitig kann man feststellen, dass unser Nachwuchs den Bezug zur Natur verliert. Viele halten sich vorwiegend in der Wohnung auf und beschäftigen sich weniger mit Tieren und Pflanzen in der Natur als mit elektronischen Geräten – in denen ihnen vielleicht auch noch eine fremde Außenwelt vorgegaukelt wird. Das klingt wie eine alte Leier, lässt sich aber durchaus belegen: Technologisierung und Verstädterung haben dazu geführt, dass sich das Freizeitleben der Kinder in den letzten Jahrzehnten grundlegend geändert hat.

Logisch: Nicht alle Kinder leben auf dem Land oder haben uneingeschränkten Zugang zur Natur. Dennoch: Ein Wald, in dem man Pilze suchen kann, ist meist nur einen kurzen Ausflug entfernt – sei es am Stadtrand oder in einem großen Park. Und der lohnt sich auf jeden Fall! Die gemeinsame Pilzsuche bietet die Chance, eine unbeschwerte Zeit zu verbringen und schweißt zusammen. Nicht zu vergessen: Im Gegensatz zu Kinobesuch oder Freizeitpark kostet der Eintritt in den Wald nichts. Noch besser: Man gewinnt dabei sogar – nämlich Erholung und jede Menge schmackhafte Pilze!

Also: Egal, ob für einen kleinen Dreikäsehoch oder eine rüstige Pensionistin – die Suche nach Pilzen ist eine sehr verbindende Tätigkeit für die ganze Familie und bietet Erlebnisse, Abenteuer, Freude und neue Erfahrungen. Sie kann ein kleiner Schritt in die richtige Richtung sein, wieder eine natürlichere Beziehung zu seiner Umwelt aufzubauen. Alleine die Beschäftigung an der frischen Luft hilft, die kleinen Wunder um uns herum bewusst wahrzunehmen. Da! Plötzlich entdeckt man einen Vogel, den man noch nie gesehen hat, oder eine Pflanze, die sich auf wundersame Weise einen Weg Richtung Sonnenlicht gebahnt hat. Du lernst, was es heißt, in einem Gewitter klitschnass zu werden, frische Bergluft einzuatmen, dreckig zu werden, hinzufallen und wieder aufzustehen, völlig erschöpft

Level Up!

Musst du die lieben Kinder erst motivieren, nach draußen zu gehen? Oder bist du selbst noch an dein Sofa gefesselt? Überleg mal: Pilzesammeln ist doch nichts anderes als ein „Open World"-Videospiel. Wie bitte? Ist doch klar: Wer am Waldboden einen Pilz entdeckt, es schon von Weitem gelb, rot oder violett aus dem Laub herausleuchten sieht, der erfährt so ziemlich den gleichen Adrenalinschub wie jemand, der gerade einen seltenen Gegenstand in seinem Computerspiel gefunden hat. Der Unterschied? Der eine sitzt auf der Couch, starrt auf einen Bildschirm und drückt auf Knöpfe, die andere marschiert über weichen Waldboden, inmitten von frischer Luft, voller Energie.

Die Pilzsuche führt einen an so manch unwegsamen Ort – aber gerade an entlegenen Standorten warten die schönsten Funde!

Entspannung auf einem weichen Bett aus Moos: Das geht nur im Wald!

nach stundenlanger Suche zuhause die Schätze zu bestaunen, sie zu putzen, sie in ein herrliches Gericht zu verwandeln – und am Abend in einen himmlischen Schlaf zu fallen. Und natürlich: stolz zu sein, sich seine eigene Nahrung aus der Natur geholt zu haben!

Sammeln befreit, macht unbeschwert und glücklich

Wir alle leben in einer zunehmend hektischen Welt. Alltag, Beruf und Social Media lassen uns kaum Zeit, zur Ruhe zu kommen und uns wirklich zu erholen. Diese Entwicklung hat sich in den letzten Jahrzehnten intensiviert. Nicht nur Kinder werden von Smartphone und Co. vereinnahmt, davon ist jeder betroffen. Höchste Zeit, sich wieder einmal zu erden. Und tief einzuatmen. Am besten eine ordentliche Portion würzige Waldluft.

Als Gegentrend zum stressigen Arbeits- und Alltagsleben boomt eine rasant wachsende Branche rund um das Thema Erholung. Dafür gibt es ein großes Angebot: Thermen, Spas, Hotels, Therapien, Kurse ... Ganz klar: Das kann man sich schon einmal gönnen. Aber: Die eigene Work-Life-Balance lässt sich auch anders, ganz unkompliziert finden. Glücklicherweise sind wir Mitteleuropäer fast überall von einem kostenlosen und frei zugänglichen Erholungsraum umgeben. Genau: dem Wald! Nicht ohne Grund sind im Forstgesetz großflächige Zonen als Erholungswald ausgeschrieben und langfristig geschützt.

Die gezielte Suche nach Pilzen – oder auch Früchten, Kräutern und Blumen – an der frischen Luft ist einfach wunderbar entspannend. Die Kombination aus körperlicher und geistiger Aktivität versetzt dich, sofern du es zulässt, in einen meditativen Zustand. Der erlaubt es dir, alles um dich herum auszublenden. Du bist fokussiert und kannst gleichzeitig deinen Gedanken freien Lauf lassen. Und die werden ganz schnell positiv, wenn es deinem Körper und deiner Seele gut geht. Gleichzeitig hast du die Möglichkeit, zu reflektieren: Der räumliche und gedankliche Abstand hilft, sich neu zu ordnen und gewisse Dinge in Ruhe zu überdenken. Wie oft bin ich mit vollgepacktem Gedankenrucksack in den Wald gegangen und nach einiger Zeit wahrlich erleichtert und entspannt zurückgekehrt!

PILZSUCHE IM WANDEL DER ZEIT ODER: LASS DEINER SAMMELLUST WIEDER FREIEN LAUF!

Die Geschichte vom Sammeln ist so alt wie die Geschichte der Menschheit selbst. Seit jeher holen wir uns essbare Pilze, Früchte oder Wurzeln aus der Natur. Unsere Ahnen waren nicht nur Jäger, sondern vor allem auch Sammler. Ein erheblicher Anteil unserer früheren Nahrung bestand aus dem, was die Natur bot. Dazu zählten Wildfrüchte, Eier, Nüsse, Honig und natürlich Pilze. Das Sammeln ist somit eng mit der Entwicklung der Menschheit verbunden.

Ein großer Zeitsprung: In den letzten Jahrzehnten ist ein deutlicher Wandel spürbar geworden. Und zwar sowohl in Richtung Massenkonsum als auch in Richtung Ernährungssouveränität.

Wie sieht das heute mit der Nahrungsbeschaffung aus? In den meisten Fällen so: Wir gehen in den Supermarkt und kaufen, was andere auf der ganzen Welt angebaut und verarbeitet haben. Die Jäger und Sammler sind zu Konsumenten geworden, die spärlichen Ressourcen in der Natur zu einem Überangebot an Nahrung im Handel. Der emsige Sammelwille im Menschen wurde so aber nicht wegradiert, sondern lediglich in andere, naja, sagen wir gemäßigtere Bahnen gelenkt: Manche sammeln Briefmarken, andere Schuhe, Spielkarten, Zeitschriften oder Münzen.

Wenn du deine Sammeltour mit dreckigen Händen und vollen Taschen beendest, hast du alles richtig gemacht!

Essen wie in der Steinzeit

Lange bevor die Menschen sesshaft wurden und begannen, Getreide selbst anzubauen oder Tiere zu halten, ernährten sie sich von dem, was sie in der Natur vorfanden. In den letzten Jahren wurde diese Ernährungsweise „wiederentdeckt". Es entstand ein regelrechter Trend rund um die sogenannte „Paleo-Diät". Dabei geht es darum, nur unverarbeitete Nahrungsmittel zu sich zu nehmen, die es auch schon vor 20.000 Jahren gab – also das, was auch die Jäger und Sammler von damals gegessen hätten. Es gibt unterschiedliche Ansichten zu dieser Ernährungsform. Verfechter betonen die scheinbar bessere Verträglichkeit für den menschlichen Organismus, Kritiker weisen auf die möglichen Mangelerscheinungen hin. Du kannst es ja einmal ausprobieren: Geh in den Wald, sammle drauflos und bereite dir ein Gericht aus diesen Zutaten zu. Das ist gar nicht so leicht!

Auf der anderen Seite entdecken immer mehr Menschen ihr Grundbedürfnis nach Natur und Eigenständigkeit neu. Sie wollen ihre Lebensmittel selbst anbauen, selbst ernten, selbst pflücken. Diese erfreuliche Entwicklung spiegelt sich in üppigen Balkonen, erneut aufkommenden Bauerngärten, bepflanzten Baumscheiben und einem veränderten Konsumverhalten wider. Einen Bereich hat sie jedoch erst zaghaft erfasst: den der Pilze.

„All you can eat" im Wald? Aber klar doch!

Höchste Zeit für ein Umdenken! In diesem Buch möchte ich euch näher an die unglaubliche Vielfalt dieser unscheinbaren Naturschätze heranführen. Bist du bereit?

Meine Damen und Herren, ich heiße euch herzlich willkommen ... in der natürlichsten Speisekammer der Welt! Gratis Buffet zu jeder Tages- und Nachtzeit, für alle Geschmäcker, mit allem und scharf!

So könnte ein zugegebenermaßen etwas reißerischer Werbeslogan für das Sammeln im Wald lauten. Du bist noch nicht überzeugt? Überleg mal: Baust du (wie ich) selbst dein eigenes Obst und Gemüse an, weißt du, mit wie viel Arbeit, Zeit und manchmal auch Kosten die Selbstversorgung verbunden ist? Man benötigt Saatgut, Töpfe, die richtige Erde, Dünger und, und, und. Es ist natürlich unbestritten, dass der Anbau von eigenen Lebensmitteln eine äußerst erfüllende Tätigkeit sein kann. Aber der Aufwand ist eben nicht zu unterschätzen.

Das geht auch einfacher! Probier's mal mit Pilzen. Die sprießen von ganz allein in freier Wildbahn. Aussaat, Anzucht, und Vermehrung übernimmt die Natur. Die einzige Aufgabe für uns: diese kostbaren Schätze des Waldes zu suchen und später zu verarbeiten. Mit den Tipps aus diesem Buch kannst du einen nicht unwesentlichen Teil deiner Mahlzeiten aus dem nächstgelegenen Wald holen. Und deine Speisekammer das ganze Jahr über mit natürlichen, frischen oder getrockneten Pilzen auffüllen. Eine echte Bereicherung für jeden Speiseplan!

Pilze, Beeren und Wurzeln: Der Wald macht's möglich!

Um die Ausbeute an wertvollen Mitbringseln zu erhöhen, kannst du zusätzlich nach allem suchen, was in der Natur wächst und in deiner Küche Verwendung finden kann. Dank Wildkräutern wie Waldmeister, Bärlauch und Co. sowie Wildobstarten wie Holunderbeeren, Himbeeren, Brombeeren, Walderdbeeren oder Heidel- und Preiselbeeren finden wir nahezu immer etwas Brauchbares und haben nie das Gefühl, mit leeren Händen nach Hause zu kommen. Und das Beste? Alles, was wild in freier Natur wächst, schlägt seine kultivierten Artgenossen geschmacklich um Längen. Es gilt, mit offenen Augen durch unsere üppigen Wälder und Wiesen zu streifen – es gibt immer etwas zu finden!

Was für eine Ausbeute – die Natur bietet uns Vor-, Haupt- und Nachspeise auf einmal an.

KEINEN PFIFFERLING WERT? WAS DEN WALDPILZ VOM ZUCHTPILZ UNTERSCHEIDET

Welchen Wert haben Lebensmittel in unserer Gesellschaft? Essen wird vor allem von einem bestimmt: dem Preis. Billig muss es sein, schnell und bequem muss es gehen. Gegessen wird zwischendurch.

Wenn du selbst anbaust oder sammelst, kennst du ein ganz anderes Gefühl: die Wertschätzung und den Stolz gegenüber dem Obst oder Gemüse, das durch deine Hände entstanden ist. Oder eben auch gegenüber dem Pilz, den du soeben nach einer anstrengenden Wanderung unter dem grünen Blätterdach des Waldes gefunden und mitgenommen hast.

Holst du dir Pilze selbst aus dem Wald, hast du einen entscheidenden Vorteil: Du weißt, woher dein Essen kommt. Und du wirst jeden Bissen, den du selbst gezaubert hast, so richtig genießen.

Pilze, handelsüblich: Zur Kassa, bitte!

Wirft man einen Blick auf das Pilzangebot im Handel, fällt vor allem der Preisunterschied zwischen einzelnen Anbietern und Sorten auf. Im klassischen Supermarktregal finden sich neben ganzjährigen Kulturpilzen wie Champignons oder Shiitakes saisonale Waldpilze zu erschwinglichen Preisen. Bei solchen Pilzen handelt es sich überwiegend um Importware. Die endlosen naturbelassenen Wälder Osteuropas sind die gängige Bezugsquelle für den überwiegenden Teil der erhältlichen Steinpilze und Pfifferlinge. Alle Pilzliebhaberinnen müssen sich daher vor Augen halten, dass diese Ware einen gewissen ökologischen Fußabdruck mit sich bringt und einige Tage bis teilweise Wochen Lagerung und Transport hinter sich hat. Pfifferlinge überstehen dies aufgrund ihrer für Pilze erstaunlich guten Lagerfähigkeit besser als beispielweise deutlich kürzer haltbare Steinpilze. Generell: Unter langen Lagerzeiten leidet die Qualität. Wer solche Pilze kaufen möchte, sollte stets auf Qualitätsmerkmale wie Konsistenz, Farbe und Geruch achten.

Auf Wochenmärkten, in gut sortierten Feinkostläden und in der gehobenen Gastronomie hingegen bietet sich ein anderes Bild: Hier sind verschiedene Pilze im Delikatessenbereich angesiedelt und werden zu stolzen Kilopreisen angeboten. Zu den teuersten Exemplaren gehören Morcheln und Steinpilze, für die Kilopreise von 40 Euro keine Seltenheit sind. Vor allem in Italien, wo Pilze insgesamt einen weitaus höheren Stellenwert in der Gesellschaft genießen, werden Höchstpreise bezahlt. Mit selbst gepflückten, wirklich frischen Pilzen können diese aber dennoch keinesfalls mithalten. Schaut euch einmal den Unterschied zwischen gekaufter bzw. Supermarktware und euren Eigenfunden an – Tipp: Ein Geruchsvergleich sagt alles!

Hände hoch! Das lukrative Geschäft mit den Pilzen

Jährlich hört und liest man von „Pilzdieben", die in gut organisierten Gruppen ganze Regionen systematisch leerräumen. Ausgestattet mit Trockengeräten und Kühlvorrichtungen im Kofferraum, um die Pilze anschließend gleich zu verarbeiten, stürmen sie die Wälder und plündern kiloweise Pilze. Das ist nicht nur illegal, sondern schadet auch dem Wald, in dessen Ökosystem die Pilze eine wichtige Rolle einnehmen (Seite 39). Wird man dabei erwischt, droht je nach Gebiet eine mehr oder weniger hohe Verwaltungsstrafe. Der Wald ist natürlich kein rechtsfreier Raum. Was beim Sammeln erlaubt ist, erfährst du auf Seite 49.

Mit Blick auf die gehandelten Pilze lässt sich außerdem noch etwas feststellen: eine extrem magere Auswahl. Alleine in Österreich gibt es über 4000 verschiedene Großpilze – also solche, die man mit freiem Auge erkennen kann, von denen mehrere Hundert zu den Speisepilzen zählen. Trotzdem werden aus dieser riesigen Pilzfamilie gerade einmal zwei oder drei Sorten saisonal angeboten. Übrigens gelten sowohl für den Handel als auch für die Gastronomie strikte Auflagen bezüglich der Bezugsquellen. Privat gesammelte Pilze dürfen nicht verkauft werden!

Pilze, selbst gesammelt: Für mehr Geschmack und Vielfalt!

Als echter Pilzliebhaber kümmert man sich also am besten selbst um deren Beschaffung. So kannst du sichergehen, dass du frische und hochwertige Pilze vor dir auf dem Teller liegen hast. Als Sammler kannst du außerdem die gesamte Bandbreite an Waldpilzen ausschöpfen. Und die hat es in sich! Bei den Pilzen ist für jeden etwas dabei. Die Vielfalt an Geschmäckern, die es hier zu entdecken gibt, wird dich regelrecht umhauen. Bist du ein eher bitterer Zeitgenosse und Fan von Naturheilmitteln? Dann braue dir einen Tee aus dem Birkenporling (Seite 140). Liebst du Knoblauch? Schnapp dir den Knoblauchschwindling (Seite 98) und verwende ihn getrocknet das ganze Jahr als Würzpulver. Koste dich durch die verschiedenen Pilzgeschmäcker und finde deinen neuen Lieblingspilz! Und: Entdecke nicht nur die vielseitigen kulinarischen, sondern auch naturmedizinischen und sogar handwerklichen Verwendungsmöglichkeiten dieser Naturschätze.

Kennst du schon …

… das süßliche Aroma des Marzipanschnecklings?

… den unglaublichen Geschmack der Krausen Glucke?

… die magenberuhigende Wirkung des Birkenporlings?

Frische und getrocknete Pilze mit verschiedensten Aromen.
Sie bereichern deinen Speiseplan enorm – das ganze Jahr über.

„Erfahrungen sammelt
man wie Pilze:
einzeln und mit dem Gefühl,
dass die Sache nicht
ganz geheuer ist.“

Erskine Caldwell (1903–1987),
US-amerikanischer Schriftsteller

Pilze und ihr Königreich: eine faszinierende und magische Welt

Sie sind ganz und gar ungewöhnliche und geradezu unergründliche Wesen: die Pilze. Kaum zu glauben: Es ist noch gar nicht lange her, dass sie als eigenständige Lebewesen anerkannt wurden. Wenn man es genau nimmt, wissen wir Menschen sogar erstaunlich wenig über sie. Möchtest du diese verrückten Zeitgenossen ein wenig näher kennenlernen? Tauch ein in ihr Königreich – und du wirst sofort erkennen, wer hier eigentlich das Zepter in der Hand hält.

Für uns Pilzsucher sind sie das Normalste der Welt. Dem Durchschnittsbürger hingegen, der sich noch nicht mit ihnen befasst hat, entzieht sich ihre Existenz, Faszination und Bedeutung weitestgehend. Bei genauerem Hinschauen zeigt sich aber, dass Pilze in ihren verschiedensten Lebensformen essenzielle Bestandteile unseres Alltags sind. Ohne zu übertreiben kann man behaupten, dass unsere Welt eine völlig andere wäre, wenn es keine Pilze gäbe. Du möchtest mehr darüber erfahren? Dann begib dich in diesem Kapitel auf eine spannende Reise quer durch die gesamte Pilzwelt, erfahre unglaubliche Geschichten und mykologische Hintergründe. Außerdem: Wenn du dich mit den Pilzen bekannt machst, ihre Eigenschaften und Vorlieben kennenlernst, dann bist du ihnen schon einen Schritt näher – und auf der richtigen Fährte.

Ein unglaubliches Wesen.
Pilz, wer bist du?

PILZE UND DIE FRAGE: WAS BIN ICH EIGENTLICH?

Blickt man einige Jahrzehnte zurück, lautet die geltende wissenschaftliche Meinung zu dieser Frage: eine etwas andersartige Pflanze. Frei übersetzt bedeutet Pilz „blatt- und blütenlose Pflanze". Diese Zuordnung findet man durchgehend in älteren Pilzführern. Aus heutiger Sicht ist diese Annahme schlichtweg falsch. Erst in den 1970er- und 1980er-Jahren kamen berechtigte Zweifel an ihrer Zugehörigkeit zur Pflanzenwelt auf. Stimmen doch viele ihrer Eigenschaften nicht mit jenen der Pflanzen überein: weder bilden sie Chlorophyll aus noch betreiben sie Photosynthese. Und überhaupt weisen sie einen komplett anderen Stoffwechsel auf.

Sind Pilze also Tiere? Auch hier ist die Antwort wieder ein klares Nein, obwohl sie nach neueren Erkenntnissen in ihrer Lebensweise den Tieren ähnlicher sind als den Pflanzen. Wer hätte das gedacht! Ohne Photosynthese müssen sie wie die Tiere ihre Energie aus anderen Quellen als dem Licht beziehen (Seite 32). Ein weiterer Unterschied zu den anderen Lebewesen ergibt sich im Zellaufbau: Während die Zellwände der Pflanzen aus Zellulose bestehen und jene von Menschen und Tieren aus einer Membran, setzen sich die Zellwände von Pilzen aus Chitin zusammen.

Die Schlussfolgerung lautet: Gebt den Pilzen ihr eigenes Königreich! Somit bilden sie neben Pflanzen und Tieren das dritte Reich in der Domäne der eukaryotischen Lebewesen und stehen den beiden in ihrer Bedeutung für das ökologische Gleichgewicht in nichts nach.

Sehr unscheinbar im Vergleich zum riesigen unterirdischen Pilzorganismus – die Fruchtkörper einer heimischen Hallimasch-Art.

Das größte Lebewesen der Welt: ein Pilz

Er lebt größtenteils unterirdisch und ist wahrscheinlich der größte Organismus, der je auf der Erde gelebt hat: Ein Dunkler Hallimasch (*Armillaria ostoyae*), der seit über 2000 Jahren beachtliche Teile des amerikanischen Bundesstaats Oregon besiedelt – und immer noch wächst! Mit einem geschätzten Ausbreitungsgebiet von annähernd 10 Quadratkilometern (was einer Fläche von über 1000 Fußballfeldern oder einer Kleinstadt gleichkommt) und mit einem Gewicht von rund 600 Tonnen sprengt dieser Pilz sämtliche Maßstäbe – und ist trotzdem weitestgehend unbekannt.

Das Reich der Pilze kann nach wie vor als relativ unerforscht bezeichnet werden. Von den geschätzten 1,5 Millionen Pilzarten ist bisher nur ein Bruchteil wissenschaftlich erforscht. Neue Erkenntnisse zu ihrer Lebensweise und Funktion im Ökosystem kommen im wahrsten Sinne des Wortes langsam ans Licht.

Daraus ergeben sich viele Forschungsgebiete und Fragen, die wir auf den nächsten Seiten gemeinsam unter die Lupe nehmen werden:

- Welche Lebensstrategien gibt es im Pilzreich?
- Wovon ernähren sich Pilze?
- Welche Bedeutung haben sie innerhalb des Ökosystems?

Hut und Stiel: die Spitze des Eisbergs

Was wir üblicherweise als Pilz bezeichnen, ist lediglich der oberirdische Teil einer für uns verborgenen Welt. Genau genommen sind unsere Suchobjekte nämlich nur die Fruchtkörper des eigentlichen Pilzorganismus. Dieser hält sich in seinem Versteck unter der Erde auf und zieht dort im wahrsten Sinne des Wortes die Fäden!

In der Grafik rechts sind Aufbau und Lebenszyklus der Pilze dargestellt. In diesem Fall jene von Mykorrhizapilzen, die mit Baumwurzeln in Verbindung stehen (Seite 33). Parasitäre (Seite 36) oder saprotrophe Pilze (Seite 37) entwickeln ebenfalls ein Myzel, dieses durchzieht verrottendes Laub, tote oder lebendige Baumstämme, Äste und weitere organische Masse. Die meisten der uns bekannten Speisepilze gehören zu den Basidiomyceten, den Ständerpilzen. Sie sind gekennzeichnet durch den typischen Aufbau mit Stiel und Hut, wobei beide sehr unterschiedlich ausgeprägt und geformt sein können. Pilze sind wahrlich künstlerische Architekten.

Myzel: der verborgene Untergrund

Das Myzel befindet sich im jeweiligen Nährboden und ist eine fadenförmige, wurzelartige Struktur und die Dauerform, in der Pilze das ganze Jahr hindurch (über-)leben. Es bildet den eigentlichen Pilzorganismus, dient als Speichermedium von Wasser und Nährstoffen und setzt sich aus der Gesamtheit aller Pilzzellen zusammen. Um mit seiner Umwelt zu interagieren, streckt das Myzel seine sogenannten Hyphen (Pilzfäden, vergleichbar mit der „Feinwurzel" der Pflanzen) aus. Diese sind für die Beschaffung von Nährstoffen, Wasser sowie für die Verbindung mit umliegenden Pflanzen verantwortlich. Unter günstigen Bedingungen bringt das Myzel die für uns interessanten Fruchtkörper hervor. Für den Pilz selbst dienen diese hauptsächlich zur Vermehrung. Ein reifer Pilz bildet Sporen aus, die dann vom Wind oder von Tieren weiterbefördert werden und sich auf einem geeigneten Untergrund wieder niederlassen.

Die erfolgreichsten Networker der Welt

Pilzmyzelien können, wie wir bereits erfahren haben, gigantische Ausmaße annehmen und ein biblisches Alter erreichen (Seite 26). Auch unter unseren Speisepilzen finden sich einige Vertreter, die mehrere Jahrzehnte alt werden und sich im Untergrund kilometerweit ausbreiten können. Aktuelle Forschungen gehen davon aus, dass ein allumspannendes Netzwerk aus Baumwurzeln und Pilzmyzelien das gesamte Ökosystem Wald umfasst und maßgeblich dessen Stoffhaushalt bestimmt: das sogenannte „Wood Wide Web". Bäume kommunizieren über dieses Netzwerk untereinander, warnen sich beispielsweise vor Schädlingen und weiteren Störfaktoren und tauschen untereinander Nährstoffe aus. Hier bekommt das Wort Untergrundhandel eine völlig neue Bedeutung!

Behutsam herausgedreht erkennt man an so manchem Stammansatz die feinen Hyphen – quasi die Wurzeln der Pilze. Bei der Entnahme gilt besondere Vorsicht, um das unterirdische Pilzmyzel nicht zu verletzen!

Aufbau der Fruchtkörper: Da sprießt doch was!

Und damit zurück ans Tageslicht. Schauen wir uns nun anhand einiger Beispiele den typischen Aufbau gängiger Pilze sowie die wichtigsten Begrifflichkeiten der Pilzbiologie an. Im Folgenden stellen sich dir einige Familien, Gattungen und Arten unter den Pilzen vor. So können wir unsere kleinen Freunde besser kennenlernen und etwaige Verwandtschaften herausfinden.

Sprichst du Pilzisch? Zur biologischen Einteilung

Die wissenschaftliche Klassifizierung in der Mykologie (Pilzwissenschaft) folgt wie in der Botanik (Pflanzenwissenschaft) und in der Zoologie (Tierkunde) einem einheitlichen Schema, auch Taxonomie genannt. Dieses umfasst verschiedene Ebenen von einer allgemeineren Einteilung über immer spezifischere Untergruppen bis hin zur Grundeinheit, der Art. Je weiter nach unten man also in den Rangstufen voranschreitet, desto eingrenzender wird sie. Schauen wir uns das anhand eines beliebten Speisepilzes einmal genauer an.

Der Wiesenchampignon (Agaricus campestris, Seite 86) gehört zur:

KLASSE: der Agaricomycetes

Ordnung: der Agaricales (Champignonartigen)

Familie: der Agaricaceae (Champignonverwandten)

Gattung: Agaricus

Art: campestris

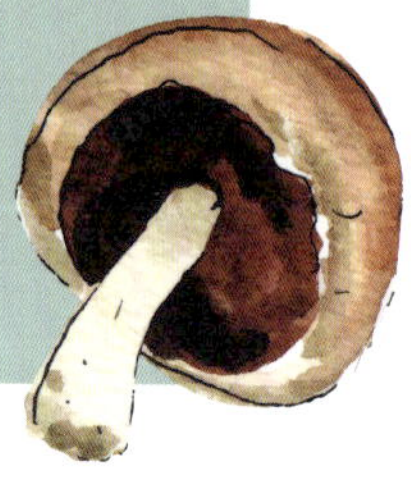

Lamellen- oder Blätterpilze →

Diese weitverbreitete Bezeichnung dient lediglich als Überbegriff in der Pilzklassifizierung und sagt nichts über Verwandtschaftsverhältnisse unter den Pilzen aus. Sie bezieht sich auf das Aussehen der Pilze. Unter den Großpilzen weisen rund 2500 Arten aus den unterschiedlichsten Pilzfamilien diese Erscheinungsform mit den typischen Lamellen an der Hutunterseite auf.

← Die Röhrlinge *(Boletales)*

In der Ordnung der Röhrlinge gibt es zwei verschiedene, für uns interessante Pilzfamilien: die Dickröhrlingsverwandten und die Schmierröhrlingsverwandten. Lass dich nicht täuschen: Ihre Namen mögen zwar nicht sonderlich einladend klingen, sie gehören aber zu den beliebtesten und schmackhaftesten Speisepilzen! Egal, zu welcher Familie sie nun gehören, Röhrlinge sind leicht an ihrem schwammartigen Gewebe an der Hutunterseite – den sogenannten Röhren – zu erkennen. Die farbliche Variation umfasst eine bunte Palette von weißen, gelben, grünen und roten Formen.

Stäublinge *(Lycoperdon)* →

Sie zählen zur Familie der Champignonverwandten und stellen im Pilzreich eine Besonderheit dar. Sie bilden einen kurzen Stamm und einen runden Kopf aus, der im Inneren Millionen von Sporen beinhaltet. Ist der Pilz reif, platzt der Kopf auf und verbreitet die Sporen in der Umgebung.

Ein geplatzter Stäubling verteilt seine Sporen im Wind.

Ein alter Flaschenstäubling am Weg zur Sporenreife, erkennbar an der grünlichen Verfärbung.

Eine Verwandte der Morchel: die Böhmische Verpel.

Schlauchpilze *(Ascomycota)*

Schlauchpilze stellen neben den Ständerpilzen (Basidiomyceten) die zweite große Abteilung im Reich der Pilze dar. Einige für uns interessante Gattungen sind Morcheln, Lorcheln und Verpeln. Sie bilden weder Lamellen noch Röhren aus und kennzeichnen sich durch einen wabenartigen Hut, der die Sporen beheimatet.

Eine junge Verpel

Nichtblätterpilze →
(Aphyllophorales)
Die Nichtblätterpilze bilden eine Gruppe im Reich der Ständerpilze mit der vielleicht größten Formenvielfalt. Verschiedene Pilzgattungen wie Leistenpilze (Pfifferling, Purpurleistling), Korallenpilze, Stoppelpilze, Porlinge und die besonders fremdartig anmutenden Gallertpilze (Judasohr) zählen zu dieser Verwandtschaftsgruppe.

1) Pfifferling
2) Korallenpilz
3) Stoppelpilz
4) Judasohr

Sporen: vom Winde verweht

Wie wir gesehen haben, hat das Pilzreich unterschiedlichste Formen in allen erdenklichen Farben hervorgebracht. Das dahinterstehende Fortpflanzungsmuster ist jedoch bei den meisten Pilzen dasselbe. Bei vielen Arten unter den Ständerpilzen (Basidiomyceten), zu denen fast alle in diesem Buch behandelten Pilze zählen, läuft die Fortpflanzung nach folgendem Schema ab: Zuerst wächst der Fruchtkörper in die Höhe, danach entfaltet sich ein Hut bzw. eine Kappe, an dessen Hutunterseite sich Abermillionen Sporen ausbilden. Der Hut dient dazu, den empfindlichen, mikroskopisch kleinen Nachwuchs vor Strahlung, Wind und Wetter zu schützen, bis dieser seine Reife erreicht hat und von der nächsten Brise erfasst wird. Nun entscheidet der Zufall: Eine Pilzspore kann nur an für sie günstigen Standorten und unter optimalen Bedingungen „keimen“ – und den Kreislauf des Lebens schließen, indem sie ein neues Myzel entwickelt. Bedenkt man die enorme Zahl der Sporen in der Luft – ein einzelner Riesenbovist beispielsweise kann Sporen im Billionenbereich freisetzen – müsste eigentlich jede freie Stelle mit Pilzen bewachsen sein. Dass dies nicht der Fall ist, zeigt, wie sensibel und selektiv die Fortpflanzung von Pilzen funktioniert.

Schenk den Pilzen ein bisschen Liebe!

Wir Sammler können den Pilzen bei ihrer Vermehrung und ihrem Fortbestand ein wenig unter die Arme greifen, indem wir ...

... überreife Exemplare, die etwa bereits mit einer besonders dicken Lamellen- oder Röhrenschicht ausgestattet sind, im Wald zurücklassen.

... von uns unbekannten Arten, die wir bestimmen lassen möchten, nur einzelne Exemplare entnehmen und nicht ganze Körbe damit anfüllen.

... uns unbekannte oder giftige Pilze nicht umstoßen oder zertreten. Auch sie leisten einen wichtigen Beitrag im Ökosystem des Waldes und haben es verdient, ungestört wachsen zu dürfen.

PFLANZENPARTNER UND WURZELBÜNDNISSE: WAS DIE PILZE WACHSEN LÄSST

Nachdem ich als Kind einige Jahre lang versucht hatte, meine eigenen Steinpilze im Garten anzubauen und kläglich daran gescheitert bin, wollte ich die Mechanismen hinter dem Pilzwachstum besser verstehen – um endlich meine eigenen Waldpilze züchten zu können! Nicht nur mir ist es so ergangen: Auch auf kommerzieller Ebene ist es trotz intensiver Forschungsbemühungen bis heute nicht gelungen, Steinpilze und Pfifferlinge zu züchten. Auf der anderen Seite gibt es sehr wohl Arten – wie Champignons, Seitlinge und Shiitake –, die in großem Umfang gezüchtet werden. Wie kann das sein?

Die Beantwortung dieser Frage ist auch für unsere kommenden Suchgänge von Bedeutung. Sie beschäftigt sich mit den verschiedenen Überlebensstrategien der Pilze, macht deren Vorkommen für uns besser nachvollziehbar und wir kommen ihnen so Stückchen für Stückchen auf die Spur. Wir haben bereits festgestellt: Pilze können ihre benötigte Energie nicht wie die Pflanzen aus der Photosynthese beziehen. Um gedeihen zu können, gehen sie also Verbindungen mit Pflanzen ein – die sich mal mehr, mal weniger harmonisch gestalten können, oder sie ernähren sich von deren Überresten.

Unter den Großpilzen – also jenen, die man mit freiem Auge erkennen kann – gibt es drei wesentliche Lebensformen:

- **Die Mykorrhizapilze:** Diese Pilze suchen sich einen Partner fürs Leben, um sich in einem Nährstoffaustausch (einer Symbiose) gegenseitig zu versorgen. (Seite 33)
- **Die parasitären Pilze:** Sie krallen sich ihre Versorger ohne deren Einverständnis und vereinnahmen sie als Schmarotzer. Haben sie sich einmal eingenistet, wird man sie nicht mehr los. (Seite 36)
- **Die Saprobionten:** Sie ernähren sich saprotroph, also von abgestorbenem organischem Material wie Blättern oder Totholz. (Seite 37)

Vaters Pilzzucht bei den Thujen, Teil 1: Warum kann der Steinpilz nicht im Garten wachsen?

Der Plan war genial: Die eigenen Steinpilze zuhause züchten. Einen solchen Versuch haben mein Vater und ich vor vielen Jahren einmal gestartet. Ein fixer Bestandteil nahezu jeder Pilzsuche meiner Jugend war es also, die Ansätze („Wurzeln") von Steinpilzen abzuschneiden und diese anschließend im hauseigenen Thujenwald zu vergraben – mit dem Ziel, bald eigene Pilze aus dem Garten zu ernten. Viele Sommer lang wiederholte sich dieses Schauspiel. Mit Spannung erwartete ich den Moment, an dem endlich die ersten Pilze aus dem Boden sprießen würden. Unzählige fruchtlose Kontrollgänge später wurde mir in jungen Jahren auf tragische Weise bewusst, dass dies so nicht funktionieren kann. Meine Enttäuschung darüber sitzt immer noch tief. Unbeirrt versuchte es mein Vater erfolglos weiter, bis auch er den „Pilzanbau" aufgab. Trotzdem bin ich mir nicht 100%ig sicher, ob er nicht immer noch hie und da ein paar Anschnitte irgendwo vergräbt und auf ein Wunder hofft.

→ Warum unser Vorhaben gescheitert ist? Lies weiter!

Mykorrhizapilze: eine Liebesgeschichte zwischen Pilzen und Pflanzen

Um herauszufinden, wie diese wundersame Verbindung funktioniert, werfen wir am besten einen Blick auf die Geschichte der Pilze. Wenn man den Begriff „Evolution" hört, denkt man automatisch an das Prinzip „Survival of the fittest", an den Kampf ums Überleben und an Konkurrenz. Ein schönes Beispiel dafür, wie erfolgreich auch ein harmonisches Miteinander sein kann, ist die Symbiose zwischen Landpflanzen und Pilzen.

Die Pilze gehören zu den ältesten Siedlern unserer Welt. Aus paläoarchäologischer Sicht begannen sich ihre ersten Vorfahren vor rund 1,5 Milliarden Jahren zu entwickeln. Wie alle anderen primitiven Lebewesen bewohnten sie zunächst die Ozeane. Auch heute gibt es noch Pilzarten, die unter Wasser gedeihen, die aber mit ihren Verwandten an Land wenig gemein haben. Vor etwa 450 Millionen Jahren begannen die ersten Pflanzen das Land zu besiedeln: Als sie ihre Wurzeln in die kargen Böden der Urerde ausstreckten, entdeckten sie dabei hilfreiche, um nicht zu sagen überlebenswichtige Partner für ihren weiteren Siegeszug über die gesamte Erdoberfläche – die Pilze! Heute geht man davon aus, dass rund 90 % aller landlebenden Pflanzen mit Pilzen direkt oder indirekt in Verbindung stehen.

SYMBIOSE: EINE VERBINDUNG FÜR DIE EWIGKEIT

Wie funktioniert also die Symbiose? Einfach gesagt: Die Wurzeln der Pflanzen verbinden sich mit den Hyphen der Pilze. So wird der Grundstein für den Nährstoffaustausch gelegt. Pflanzen betreiben Photosynthese: Sie nutzen Sonnenlicht und Kohlenstoffdioxid, um daraus Kohlehydrate, also Energie, zu produzieren. Diese Eigenschaft fehlt den Pilzen. Diese verfügen hingegen über ein unheimlich feines „Wurzel"-Geflecht. Zudem setzen sie Enzyme frei, die in der Lage sind, organisches Material effizient abzubauen um daraus notwendige Nährelemente zu lösen. Diese Mineralien wandern von den Hyphen in die Pflanzenwurzeln. Im Gegenzug erhält der Pilz eine gehörige Portion Zucker als Belohnung. Beide profitieren!

Diese enge Bindung zwischen zwei unterschiedlichen Lebensformen war essenziell für deren weiteres Überleben. Der Erfolg gibt ihnen Recht: Konnten doch Pflanzen und Pilze mehrere große Artensterben der bisherigen Erdzeitalter überleben und sich bis heute über die gesamte Erde ausbreiten. Insbesondere der Siegeszug der Bäume, die vor dem Eingriff der Menschen den Großteil der Landmasse bedeckten, wäre ohne die Unterstützung der Pilze niemals in diesem Ausmaß möglich gewesen. Wenn auch auf unscheinbare Weise, sind es also die Pilze, die im wahrsten Sinne des Wortes bei vielen Prozessen die Fäden ziehen und das Gesicht der Erdoberfläche maßgeblich mitbestimmten.

MYKORRHIZA: AUF DER SUCHE NACH DEM PARTNER FÜRS LEBEN

Unter den verschiedenen Bindungsformen zwischen Pflanzen und Pilzen ist die Mykorrhiza die für uns interessanteste, da sie für das Erscheinen so vieler Waldpilze verantwortlich ist. Sie beschreibt die Beziehung von Feinwurzeln verschiedener Baumarten mit den Hyphen unterschiedlicher Großpilze. Um sich im dunklen Erdboden näher zu kommen, scheiden sowohl Bäume als auch das Pilzmyzel aktiv Botenstoffe aus. Eine unterirdische Singlebörse sozusagen.

Haben sich zwei einmal gefunden, entsteht eine schicksalhafte Verbindung. Die Baumwurzeln „erlauben" bewusst das Eindringen des feinen Pilzgeflechts in ihr Innerstes, genauer gesagt in den interzellulären Bereich der Feinwurzeln. Ein Prozess, der an sich in der Natur nichts Gutes bedeutet, da ein ungewolltes Eindringen in einen Organismus meist negative Folgen für diesen mit sich bringt (Seite 36). Hier ergibt sich aber eine Win-win-Situation.

Für uns als Pilzsucher ist diese Bindung insofern entscheidend, als sie oft über Jahre, manchmal über Jahrzehnte anhält. Im Klartext: Wenn du einmal einem Mykorrhizapilz auf die Schliche gekommen bist, kannst du dir relativ sicher sein, dass du ihn an genau diesem Plätzchen in den kommenden Jahren auch wieder finden wirst! In so einem Fall ist es hilfreich, sich die entsprechende Stelle gut zu merken. Am besten trägst du sie auf einer Karte ein oder markierst dir die Koordinaten per GPS (Seite 56).

In dieser Liste findest du einige der bekanntesten und beliebtesten Speisepilzfamilien, -gattungen und -arten, die besonders standorttreu sind:

- Röhrlinge: Steinpilz (Seite 92), Maronenröhrling (Seite 95), Goldröhrling (Seite 96) und weitere schmackhafte Exemplare aus dieser Ordnung (Seite 94)
- Pfifferlingsverwandte: Trompetenpfifferling (Seite 118), Duftender Leistling (Seite 119), Totentrompete (Seite 120)
- Täublinge: Frauentäubling, Speisetäubling, Grüngefelderter Täubling (Seite 102)
- Milchlinge (eine Gattung der Täublingsverwandten): Reizker (Seite 128), Brätling (Seite 131)

Daneben gibt es noch eine Vielzahl von anderen Gattungen, Familien und Arten, die in diesem Buch vorgestellt werden. Blätter weiter und lerne sie kennen!

Vaters Pilzzucht bei den Thujen, Teil 2: Es war ein Mykorrhizapilz!

Fortsetzung von Seite 33: Jetzt ist klar, warum wir mit unserer Steinpilzzucht keinen Erfolg hatten. Beim Steinpilz handelt es sich um einen Mykorrhizapilz. Und die enge Bindung zwischen Pilzgeflecht und Baumwurzel kann trotz jahrelanger Forschungsarbeit immer noch nicht vom Menschen kopiert bzw. künstlich hergestellt werden. Bedenkt man, welche großartigen Leistungen die Wissenschaft bisher vollbracht hat, ist es umso bemerkenswerter, dass die so elementare Symbiose weiter eines der großen ungelösten Rätsel der Forschung bleibt!

Oder funktioniert es doch? Man weiß von einigen Fällen, bei denen die „Verpflanzung" zufällig funktioniert hat. Durch den internationalen Handel mit Baumstecklingen ist der Steinpilz inzwischen weit gereist. Denkbar weit entfernt von seinem natürlichen Verbreitungsgebiet auf der nördlichen Halbkugel, hat er sich bis in neuseeländische Parkanlagen verfrachten lassen. Wahrscheinlich befand er sich im Gepäck von jungen Eichensetzlingen, die für die Parkbegrünung angeschafft wurden. So kommt es, dass dort nun eher unbehelligt von der nichtsahnenden Bevölkerung Steinpilze am anderen Ende der Welt wachsen.

Für alle, die jetzt neugierig geworden sind: Bitte nicht nachmachen! Vom Ausgraben „ganzer" Pilzkörper ist dringend abzuraten, um Schäden am unterirdischen Pilzorganismus zu vermeiden. Das Myzel, der eigentliche Pilzkörper, befindet sich bei den meisten Pilzen tief im Waldboden und kann aufgrund der engen Verbindung mit den umliegenden Bäumen nicht woandershin verpflanzt werden.

Parasitäre Pilze: Dich schnapp ich mir!

Die Beziehung zwischen Baum und Pilz verläuft jedoch nicht immer so romantisch wie bei den Mykorrhizapilzen. Im Fall von parasitären Pilzen (und auch Saprobionten, Seite 37) fällt diese Verbindung deutlich zum Nachteil für den Baum-„Partner" aus. Hat sich der Pilz erst einmal bei ihm einquartiert, bedeutet dies für ihn den Anfang vom Ende. Gleichzeitig legt dieser Vorgang aber wieder den Grundstein für neues Leben im Wald.

Parasitäre Pilze sind in der Lage, in gesundes Baumgewebe oder bereits durch andere Umwelteinflüsse geschwächte Bäume einzudringen und langsam ihr Pilzgeflecht im neuen Wirt auszubreiten. In letzterem Fall spricht man insbesondere von Schwächeparasiten. Der befallene Baum wird von nun an langsam von innen heraus verspeist. Der Parasit breitet sich aus, bis er genug organische Masse abgebaut hat und stark genug ist, um in seine generative Phase überzugehen und sich zu vermehren. Ja, auch Pilze wollen Nachwuchs! In der Folge wachsen zahlreiche Fruchtkörper aus dem Myzel im Inneren des Baums. Dazu zählen folgende Pilze, die wir gern auf unsere Suchzettel schreiben:

- Krause Glucke (Seite 132)
- Samtfußrübling (Seite 146)
- Schwefelporling (Seite 100)
- Seitlingsarten (z. B. Austernseitling, Seite 142)
- Birkenporling (Seite 140)
- Judasohr (Seite 144)

Parasitäre Pilzarten können also als die Wölfe der Baumwelt angesehen werden: Sie suchen sich schwache und kranke Exemplare, säubern den Bestand und machen Platz für Neues.

Während das Leben aus dem Baum entweicht und der nächste Sturm ihn endgültig zu Fall bringt, wird es am Waldboden plötzlich licht. Die Chance für neue Keimlinge, Büsche und Sträucher ist gekommen. So kann der Kreislauf des Lebens von Neuem beginnen. Der Pilz allerdings ist mit seinem „Freund" noch lange nicht fertig. Er beginnt eine weitere Lebensphase und ernährt sich von nun an saprotroph, also von der toten organischen Substanz des Baumes. Hier werden die Übergänge von Parasit zu Saprobiont (Seite 37) fließend.

Eine wahre Armada aus Baumzersetzern in Form von Schmetterlingstrameten (1), Austernseitlingen (2), Judasohren (3) und Samtfußrüblingen (4) macht sich über ein und denselben betagten Buchenstamm her!

Die „Pop-up-Stores" der Natur

So könnte man die Bäume bezeichnen, die Parasiten und Unwettern zum Opfer gefallen sind. Denn an so einem umgestürzten Baum tummeln sich nach einiger Zeit die verschiedensten saprotrophen Pilze. Wie die Mykorrhizapilze können auch sie über viele Jahre am selben Standort vorkommen – schließlich dauert es einige Zeit, bis so ein alter Baumriese „verspeist" ist. Aber: Meiner Erfahrung nach sind diese Pilze dennoch weit weniger standorttreu. Wo die Umstände gerade passen, können sie mitunter massenhaft auftreten – und dann in den folgenden Jahren sang- und klanglos wieder völlig verschwinden. Austernseitlinge sind ein gutes Beispiel für solche Nomadenpilze.

Saprobionten: Jetzt wird vernascht!

Diese Pilze ernähren sich von abgestorbenem organischem Material. In den meisten Fällen handelt es sich dabei um totes Holz, Laub oder Nadelstreu. Sie können ebenso zu den Parasiten zählen und sich ihren Holzsnack selbst vorbereiten (Seite 36), oder sie erscheinen dann, wenn erstere bereits ihren Job erledigt haben.

Das Besondere an diesen Pilzen ist, dass sie als quasi einziges Lebewesen die Holzstruktur komplett zersetzen können. Andere Destruenten (Zersetzer) beißen sich vor allem am Polymer Lignin, das das Holz so widerstandsfähig macht, die Zähne aus. Pilze, die in der Lage sind, Lignin (und Zellulose) zu zersetzen, werden Weißfäuleerreger genannt. Daneben gibt es Pilze, die die (Hemi-) Zellulose im Holz abbauen. Diese werden als Braunfäuleerreger bezeichnet.

Bei den Saprobionten unterscheidet man zwischen Primär- und Sekundärzersetzern. Erste sind in der Lage, mit ihren Hyphen in das Holzgewebe vorzudringen. Dort sondern sie äußerst effektive Verdauungsenzyme ab, die das Holz langsam zersetzen. Sie bauen die widerstandsfähigen Holzstrukturen ab und nutzen diese als Kohlenstoffquelle. Beispiele dafür sind Austernseitlinge (Seite 142), Shiitake und Samtfußrüblinge (Seite 146). Als nächstes sind die Sekundärzersetzer an der Reihe. Sie kommen im Zersetzungskreislauf erst (deutlich) später dazu und verwerten die Reste des vorangegangenen Arbeitstrupps weiter. Dabei findet eine deutliche Reduktion von Volumen und Masse des Ausgangsstoffs statt. Beispiele für diese Pilzgruppe sind Champignons und Schopftintlinge.

Diese Form der Überlebensstrategie ist auch die Antwort auf die Frage, warum manche Pilze gezüchtet werden können und andere nicht. Gerade die baumbewohnenden saprotrophen Pilze kann man gut kultivieren, indem man ihnen Substrate aus beispielsweise Holzstämmen, gehäckseltem Holz oder Stroh als Wachstumsgrundlage zur Verfügung stellt.

Der Zersetzungsprozess durch die Pilze ist ausschlaggebend für das Gleichgewicht des Waldes. Ohne die pilzlichen Abbauprozesse würden der Wald und seine Bewohner quasi an ihren eigenen Überresten ersticken. Bäume würden kaum verrotten, Blätter und Nadelstreu würden sich meterhoch ansammeln. Ohne Pilze und andere Destruenten (Zersetzer) wie Bakterien und Kleinstlebewesen könnten die Stoffkreisläufe im Ökosystem Wald nicht geschlossen werden. Sie sind dafür verantwortlich, die in Holz, Blättern, Nadeln und auch in tierischen Lebewesen gebundenen organischen Stoffe in anorganische – und damit für Pflanzen verwertbare und aufnehmbare – Nährstoffe umzuwandeln. Sie legen zudem die Grundlage dafür, dass weitere Destruenten (wie Würmer, Insekten, Bakterien) das aufgeweichte Holz besser zersetzten und damit in die Stoffkreisläufe rückführen können.

Ihr Pilzelein kommet – welche Bäume Pilze anziehen

Bei genauerer Betrachtung kann man zwischen eifrigen Hobbygärtnern und verschiedenen Baumarten gewisse Parallelen entdecken. Während wir Menschen uns mehr oder weniger ambitioniert unserer Grünraumpflege widmen, weisen auch die Bäume unterschiedlich „üppige" Vorgärten auf – in Form von verschiedensten Pilzen, die in ihrer unmittelbaren Nähe wachsen. Viele davon glänzen wie „moderne" Gärten mit Schlichtheit und einem äußerst überschaubaren Artenspektrum – für uns Pilzsucher heißt das schlichtweg: bitte weitergehen, hier ist nichts zu finden. Auf der anderen Seite scheinen manche Bäume großen Wert auf einen „blühenden" Vorgarten zu legen und gehen eine enge Bindung zu diversen Pilzsorten ein. Genau diese Waldabschnitte und Bäume gilt es zu finden! Hat man sie einmal entdeckt, kann man mitunter über Jahrzehnte die enge Bindung zwischen Baum und Pilzgeflecht und das Produkt ihrer Liebesbeziehung – den Fruchtkörper – bewundern und sammeln! Darunter fallen nicht nur die standorttreuen Mykorrhizapilze, sondern auch Saprobionten und Parasiten, die ebenfalls Favoriten unter ihren liebsten Baumpartnern haben.

So wie die Gartengestaltung von Region zu Region und von Mensch zu Mensch verschieden ist, sind auch die Pilzvorkommen stark vom Standort abhängig und unterscheiden sich von Baumart zu Baumart. Daher ist es wichtig, einen genaueren Blick auf die gängigsten Baumarten und deren Pilzpartner sowie auf die allgemeine Baumverteilung in unserer Heimat zu werfen.

Wo wächst was? Unsere Wälder im Überblick

	Anteil an der Staatsfläche	Fläche gesamt	Anteil an Privatwald	Verhältnis Nadel- zu Laubwald	Die häufigsten Baumarten
Österreich	50 %	4 Mio. ha	80 %	80 % Nadelwald, 20 % Laubwald	57 % Fichte, 12 % Buche
Deutschland	30 %	11,4 Mio. ha	50 %	55 % Nadelwald, 45 % Laubwald	26 % Fichte, 22 % Kiefer, 15 % Buche, 10 % Eiche
Schweiz	30 %	1,3 Mio. ha	25 %	62 % Nadelwald, 38 % Laubwald	44 % Fichte, 20 % Buche, 15 % Weißtanne

Das sind die Dream-Teams unter den Bäumen und Pilzen!

Jetzt kommt die spannendste aller Fragen: Wer tut sich mit wem zusammen? Manche Bäume sind bei ihrer Partnerwahl etwas wählerischer als andere. Hier findest du einen Überblick über die wichtigsten Bäume und ihre bevorzugten Pilze (Näheres zu den einzelnen Pilzarten gibt es ab Seite 74 nachzulesen).

Die anspruchslosen Baumpartner:
Sie machen den Großteil der bei uns heimischen Bäume aus. Diese Bäume gehen mit einer Vielzahl von Pilzen eine Beziehung ein:

- **Fichte:** Fichtensteinpilz (Seite 92), Maronenröhrling (Seite 95), Pfifferling (Seite 112), Trompetenpfifferling (Seite 118), Duftender Leistling (Seite 119), Reizker (Seite 128)
- **Buche und Eiche (sowie Mischwälder):** Sommersteinpilz (Seite 92), Königsröhrling (Seite 95), viele der Täublinge (Seite 102), Totentrompete (Seite 120), Parasol (Seite 124)

Die wählerischen Baumpartner:
Von diesen Bäumen gibt es in unseren Gebieten zwar eher wenige, dennoch pflegen sie Beziehungen zu einigen für uns interessanten Pilzen:

- **Esche:** Morchel (Seite 82)
- **Birke:** Birkenporling (Seite 140), Birkenrotkappe
- **Lärche:** Goldröhrling (Seite 96), Lärchenschneckling (Seite 139)
- **Kiefer:** Krause Glucke (Seite 132), Frostschneckling (Seite 138), Kiefernsteinpilz (Seite 94)

Und der 1. Platz geht an die Pilze!

Vor allem im asiatischen Raum werden gezüchtete Pilze für ihre positiven, gesundheitsfördernden Eigenschaften geschätzt. Sie sind Pflichtbestandteil vieler Gerichte und folglich überall erhältlich, ob frisch, getrocknet oder in Pulverform – jede erdenkliche Verarbeitungsform wird angeboten. Während die kommerzielle Pilzzucht in unseren Breiten erst zu wachsen beginnt, ist sie auf diesem Kontinent bereits ein Milliardengeschäft. Zu den Lieblingspilzen gehören Samtfußrübling, Judasohr, Shiitake, Austernseitling und Kulturchampignon. Sie machen rund 85 % der gesamten Weltproduktion an Kulturpilzen aus. Die meisten von ihnen lassen sich sogar auf Abfallprodukten anderer Wirtschaftszweige (wie zum Beispiel auf Kaffeesatz) sehr anspruchslos anbauen. Zum Glück erspart uns die Natur aufwendige Arbeitsschritte wie Substratmischung, Beschaffung, Pilzbruterzeugung, Inokulierung (Beimpfung), Sterilisation, Bewässerung und die Schaffung eines idealen Raumklimas. Wir müssen „nur" erfolgreich nach ihnen suchen.

Auf umgestürzten Baumstämmen finden sich oft die gesündesten Speisepilze. Hier: Austernseitlinge!

Ein tödlich wertvoller Pilz: Yarsagumba

Hinter diesem Namen verbirgt sich eine Geschichte, die kaum außergewöhnlicher sein könnte. Sie nimmt uns mit auf eine abenteuerliche Reise bis nach Nepal. Auf über 3000 Metern Seehöhe, wo die Luft dünn wird, dem Menschen das Atmen schwerfällt und eisige Kälte die Jahreszeiten bestimmt, wächst etwas, das einen ins Staunen versetzt und sich von allem unterscheidet, was der hiesige Pilzsucher gewöhnt ist!

Dieser ausschließlich auf Wiesen des Himalaya-Gebirges wachsende Pilz geht weder mit Bäumen oder Sträuchern eine Symbiose ein, noch zersetzt er diese nach ihrem Verfall. Yarsagumba ist auf der Jagd. Sein Ziel ist ein passender Wirt, der diese einseitige Beziehung nicht überleben wird. Die widrigen Bedingungen dieser abgeschiedenen Bergregion haben der Evolution ein schauriges Beispiel für das Überleben der „Stärkeren" abgerungen. Die Sporen dieses nur streichholzgroßen Pilzes besitzen die Eigenschaft, lebendes Gewebe zu parasitieren. So wiederholt sich Jahr für Jahr ein grausames Schauspiel: Wehrlos ist die Raupe der Geistermotte ihrem Blutfeind ausgeliefert. Sobald die Sporen den Wirt durchdrungen haben, beginnt sein unschönes Ende. Langsam durchwächst Yarsagumba das Raupengewebe, dringt bis in dessen Nervensystem vor und sorgt damit dafür, dass seine hilflose Beute lange genug am Leben bleibt, um seinen natürlichen Lebenszyklus zu beenden. Diese Raupenart gräbt sich von Natur aus vor Winterbeginn tief in den Boden ein, um der klirrenden Kälte an der Erdoberfläche zu entfliehen. Aber Yarsagumba lässt seinen Wirt nicht tief genug graben, sondern verzehrt die Raupe vollständig. Lediglich seine Hülle lässt er übrig, um aus dieser im kommenden Frühjahr zu wachsen, seine Sporen im Wind zu verbreiten und den Schrecken erneut beginnen zu lassen.

Somit endet der schaurige Teil dieser Geschichte. Kommen wir nun zu den wertvolleren Aspekten dieser seltenen Pilzart: Yarsagumba wiegt sein Gewicht mit Gold auf! Mit Kilopreisen von über 30.000 Euro ist er der wohl bestbezahlte Pilz der Welt und eines der teuersten Naturprodukte überhaupt. Somit ist es kein Wunder, dass Jahr für Jahr die Bewohner des Himalaya-Gebirges zu den Hochwiesen pilgern, um nach dem wertvollen Pilz zu suchen. Jedes Familienmitglied, das zu dem beschwerlichen Aufstieg in der Lage ist, kommt mit – zur Not wird man getragen. Besonders Kinder mit ihren guten Augen müssen hier Schwerstarbeit leisten. Von den Unsummen des vorwiegend in China beliebten Naturheilmittels bleibt nur ein verschwindend geringer Anteil bei den Familien, der teilweise im Kreise der Familienoberhäupter im Glücksspiel untereinander verspielt wird. Unruhe sowie Diebstähle sind aufgrund der enormen Wertigkeit dieses Pilzes Teil des Geschäfts, das seit Jahrhunderten so existiert. Yarsagumba werden in der traditionellen chinesischen Medizin starke aphrodisierende und potenzsteigernde Wirkungen nachgesagt und begründen somit seinen unvorstellbaren Wert.

GEBT AUF UNS ACHT – WIR PILZE SIND IN GEFAHR!

Wenn man an so manchem schönen Herbsttag durch den Wald streift, die Vielfalt und den Artenreichtum der Pilzwelt genießt – schließlich sprießen Pilze gerade zu dieser Zeit regelrecht an jeder Ecke aus dem Boden – kann man es sich nur schwer vorstellen, aber: Das allgemeine Pilzvorkommen ist seit Jahren in Gefahr.

Einerseits merken erfahrene Sammler schon länger, dass ein Wandel im Pilzreich stattfindet. Die Saisonen verschieben sich und erlauben Funde zu Zeiten, an denen vor einigen Jahrzehnten noch niemand auf die Idee gekommen wäre, nach Pilzen zu suchen. Andererseits wird der Einfluss von rückläufigen Niederschlägen immer deutlicher. Bleiben diese aus, fallen immer häufiger ganze Pilzsaisons aus.

Diese Entwicklungen haben unter den Pilzen Gewinner und Verlierer hervorgebracht. Insgesamt aber offenbart sich eine schwierige Lage für alle Pilze – und damit sind nicht nur die für uns interessanten Großpilze gemeint, die lediglich rund 10 % des gesamten Artenreichtums ausmachen. Pilze haben sich über Jahrmillionen an ihre karge Umwelt angepasst. Die massiven menschlichen Eingriffe in natürliche Stoffwechselkreisläufe verändern aber auch ihre Lebensbedingungen nachhaltig – in vielen Fällen leider nicht zum Guten. Ein allgemeiner Artenrückgang ist die Konsequenz. Immer mehr Pilze finden sich auf der Liste der bedrohten Arten wieder. Von den über 4000 in Österreich beheimateten Großpilzarten betrifft das beispielsweise bereits ein Drittel.

Die Hauptursachen hierfür sind Biotopzerstörung, Bodenversiegelung, eine zu intensive Forstwirtschaft mit Monokulturen und Kahlschlägen, steigende Nährstoffeinträge in Wäldern, Bodenverdichtung durch menschliche Übernutzung und die allgegenwärtigen Folgen des Klimawandels. Kurz gesagt: Pilze haben immer weniger Rückzugsgebiete zur Verfügung, in denen sie vom Menschen ungestört und unbeeinflusst wachsen können. Für uns Pilzjäger ist es daher besonders wichtig, mit diesen Naturschätzen so schonend wie möglich umzugehen (mehr dazu auf Seite 69).

Pilze und Klimawandel – wenn die Wohlfühlorte immer knapper werden

Welche Auswirkungen haben die veränderten Umweltbedingungen auf die Pilze? In einer Langzeitstudie unter der Leitung des Meteorologen Dieter Richter, veröffentlicht im Jahr 2009 in der Pilzzeitschrift „Tintling", wurde über 30 Jahre lang erforscht, wie sich das Vorkommen der beliebtesten Speisepilze entwickelt hat und welche Faktoren dafür relevant sind. Hierzu wurden Temperaturverläufe, Niederschlagsverhältnisse und Bodenfeuchtigkeit genau analysiert und mit dem Pilzvorkommen in Zusammenhang gesetzt. Du wirst sehen: während die einen mehr darunter leiden, wachsen andere scheinbar ungestört weiter.

Die Anpassungsfähigen

Krause Glucke (Seite 132): Aus forstwirtschaftlicher Sicht weniger erfreulich, dafür für uns Sucher umso mehr, ist die nachweisliche Zunahme der Krausen Glucke. Positiven Einfluss haben höhere Temperaturen, da sie die Wachstumszeiträume merklich verlängern. Im Umkehrschluss aber bedeutet das, dass sich die Kieferbestände weniger wohlfühlen: Die Krause Glucke zählt nämlich zu deren Schwächeparasiten.

Pfifferling (Seite 112): In höheren, nadelwalddominierten Lagen zählt der Pfifferling durchaus zu den Nutznießern. Die zunehmend feucht-warmen Sommer scheinen dort zu einem vermehrten Wachstum beizutragen – immerhin sind sie allgemein auf regelmäßige Niederschläge und eine anhaltende Bodenfeuchtigkeit angewiesen. In tieferliegenden, hitzeexponierten Gebieten ist allerdings aufgrund der zunehmenden Trockenheit in den Wachstumsperioden Spätfrühling/Sommerbeginn und Herbst ein spürbarer Rückgang zu verzeichnen.

Der Leidtragende

Der Maronenröhrling (Seite 95): Einer der beliebtesten Röhrlinge überhaupt ist über die letzten Jahrzehnte mit einem anhaltenden Wachstumsrückgang und schrumpfenden Beständen konfrontiert. Um zu sprießen, braucht er viele Niederschläge in Kombination mit nicht zu heißen Temperaturen. Wenn man bedenkt, wie stark die Sommer im Allgemeinen und die Hitzetage im Besonderen (auch im alpinen Raum) zugenommen haben, verwundert diese Entwicklung nicht.

Unbeeindruckt von alledem

Der Fichtensteinpilz (Seite 92): Er arbeitet weiter daran, seine Geheimisse für sich zu bewahren – die Klimabedingungen haben scheinbar keinen nachweislichen Einfluss auf sein Wachstum. Man geht davon aus, dass die Temperatur des Vorjahres eine Rolle bei seinem Auftreten spielen. Warme und trockene Jahre könnten für mehr Wachstum im Folgejahr sorgen – eine Erkenntnis, die sich mit meinen persönlichen Erfahrungen aber nicht unbedingt deckt.

Solche Forschungsprojekte liefern interessante Eindrücke, sind aber nur ein Teil der Lösung des Rätsels. Viele Faktoren bleiben weiter unbekannt. Immer wieder kommt es zu einem unerklärlichen Massenauftreten unserer kleinen Freunde, welches für uns Sammler ein wahres Erlebnis bedeutet und lange im Gedächtnis bleibt. Noch heute werden in unserer Familie die spannendsten Funde der letzten Jahrzehnte gern nacherzählt. Ein paar Indikatoren für das Pilzwachstum können wir dennoch davon ableiten. Mehr dazu findest du auf Seite 51.

Pilze, so weit das Auge reicht: Der Sammelguide für volle Taschen und unvergessliche Walderlebnisse

Endlich! Die Reise in den Wald beginnt: über steile Hänge, rauschende Bäche und scheinbar undurchdringliches Pflanzendickicht hin zu weiten Flächen voller bunter Pilze. Siehst du es schon vor dir? Perfekt. Schärfe deine Sinne und mach dich auf den Weg!

In diesem Kapitel geht es darum, wie du deine Sammeltour am geschicktesten angehst. Gehen wir systematisch vor: Du erfährst zuerst die grundlegenden Infos rund um Pilzbestimmung und -verwechslung sowie alles Wichtige zu den rechtlichen Hintergründen. Anschließend schauen wir uns an, wie du dir die nötigen detektivischen Fähigkeiten aneignest, bevor du dich auf die Suche machst. Und dann ab auf die Pilzjagd! Erfahre, wie du am besten anfangen kannst, welche Ausrüstung du brauchst, woran du gute Pilzqualität erkennst und wie du dich im Wald am besten verhältst. Los geht's!

Hallo Pilze!
Wo versteckt ihr euch denn?

SCHAU MIR IN DIE AUGEN, PILZ! ERKENNUNG UND BESTIMMUNG

Das Wichtigste gleich zu Beginn dieses Kapitels: Die Suche nach Speisepilzen birgt immer ein gewisses Risiko, das jeder für sich selbst tragen muss. Das hängt damit zusammen, dass einige Pilze ungenießbare bis giftige Doppelgänger haben. Um das Verwechslungsrisiko von vorneherein gering zu halten, werden in diesem Buch viele eindeutig zu erkennende Pilze vorgestellt. Im Zweifelsfall wird auf gängige Verwechslungspartner eingegangen. Trotzdem ist es wichtig, sich sicher zu sein, wenn man einen Pilz verspeisen möchte!

Betrachte dies als notwendigen Sicherheitshinweis, der dich aber auf keinen Fall verschrecken sollte: An alle motivierten Pilzeinsteiger – das Gefühl der anfänglichen Unsicherheit ist vollkommen normal, legt sich aber mit zunehmender Erfahrung. Es gilt, mit den einfach zu erkennenden Arten zu beginnen, um ein Gefühl der Sicherheit zu bekommen. Im Zweifelsfall kannst du dich an offizielle Pilzberatungsstellen wenden (Seite 176), wo man dir freundlich und hilfsbereit mit Rat und Tat zur Seite steht. Bei kleineren Zweifeln helfen tolle Internetportale, die zahlreiche Fotos anbieten, um einer Verwechslung vorzubeugen (Seite 177). Auch ich hole mir, wenn ich unbekannte Pilze finde, gern offiziellen Rat – um ganz sicherzugehen und mehr über die neuen Arten herauszufinden.

Die drei häufigsten Ursachen für Unverträglichkeiten

Holen wir uns also gleich die fachliche Expertise ein! Frau Prof. Irmgard Krisai-Greilhuber, europaweit anerkannte Mykologin und Präsidentin der Österreichischen Mykologischen Gesellschaft, hat mich bei der Erstellung dieses Buches unterstützt und wird regelmäßig in Vergiftungsfällen kontaktiert. Sie weist daher auf einige Gefahrenquellen hin, denen man leicht von vorneherein vorbeugen kann:

1. Sporenschleuder: Wenn es zu Unverträglichkeiten bis hin zu leichten Vergiftungen kommt, sind in den meisten Fällen zu alte Speisepilze im Spiel. Sie sind oftmals bereits von anderen (Schimmel-)Pilzen – wie beispielsweise von Goldschimmel (Seite 61) – befallen, die dann Beschwerden hervorrufen. Hast du einen solchen Pilz mitgenommen, gilt es, die betroffenen Stellen großräumig zu entfernen. Oder, ganz einfach: Am besten nimmst du solche befallenen Pilze erst gar nicht mit. Wie man solche Stellen erkennt, erfährst du auf Seite 62.

2. Falsche Zubereitung: Die richtige Lagerung und Verarbeitung von Pilzen ist essenziell für einen unbedenklichen Genuss. Als kleinen Merksatz kannst du dir zum Beispiel zurechtlegen: Behandle frische Pilze wie rohes Hackfleisch! Kühle sie so rasch wie möglich ein und bewahre sie bestenfalls nicht länger als ein bis zwei Tage im Kühlschrank auf, bevor du sie weiterverarbeitest. Außerdem wichtig: eine ausreichende Garzeit. Pilze eignen sich (mit ganz wenigen Ausnahmen) nicht für den Rohgenuss. Einige von ihnen enthalten im Rohzustand Giftstoffe (welche das sind, wird in den einzelnen Pilzportraits erläutert), die sich erst unter längerer Hitzeeinwirkung (15–20 Minuten) abbauen. Bei welchen Pilzen du besonders darauf achten solltest, erfährst du in den jeweiligen Pilzportraits (ab Seite 74). Es bietet sich an, die Pilze in möglichst kleine, mundgerechte Stücke zu schneiden, um sie gleichmäßig durchzugaren.

3. Ungenießbare Doppelgänger: Verwechslungen sind erst die dritthäufigste Ursache für Unverträglichkeiten bzw. Vergiftungen – also zu Unrecht die gefürchtetste. Dennoch sollte man sie auf jeden Fall ernstnehmen! Es kursieren viele Mythen rund um die Erkennung von Giftpilzen, wie etwa das Mitkochen von Zwiebeln oder Silberlöffeln, die sich im Giftfall verfärben. Diese sind genauso falsch wie vermeintlich giftfreie Standorte oder die Annahme, dass von Tieren angefressene Pilze unbedenklich sind. Schnecken zum Beispiel knabbern gelegentlich schon einmal an einem Knollenblätterpilz – einem der giftigsten Pilze in unseren Breiten. Die einzig sichere Methode ist das eigene Wissen, eindeutige Erkennungsmerkmale oder die Auskunft einer offiziellen Pilzberatungsstelle! Punkt.

Mal schnüffeln: Setze deinen Geruchssinn ein!

Um die Pilze richtig zu bestimmen, musst du auf deine Sinne vertrauen und diese immer wieder schärfen. Bewahre Standort und Wuchszeit jedes Pilzes im Hinterkopf und achte auf eindeutige Merkmale wie Hut, Röhren, Stammfarbe und Musterungen. Und: Setze deine Nase ein! Fast jeder Pilz hat seinen eigenen, wenn auch feinen, aber doch spezifischen Geruch, der ihn von anderen abgrenzt. Einige Arten wie den Brätling, der einen leicht fischigen Geruch aufweist, kannst du mit ein bisschen Übung eindeutig bestimmen. Je mehr du deine Nase schulst, desto mehr kannst du über den Geruch unterscheiden, zum Beispiel auch zwischen jungen und alten Exemplaren einer Sorte, zwischen feuchten und sonnengetrockneten Pilzen oder auch einfach zwischen Stiel und Hut eines Pilzes. Also: Folge bei deiner nächsten Suche deiner Nase – und du wirst überrascht sein, welche angenehmen und auch überraschenden Düfte die Pilzwelt zu bieten hat! Aber auch der eine oder andere muffelnde Zeitgenosse wird dir über die Nase laufen – von dem du dann besser die Finger lassen solltest.

Mmmh ... wie das duftet! Mit einem feinen Näschen wirst du bald die Pilze bestimmen können!

Im Falle des Falles: Was tun bei einer Pilzvergiftung?

Vergiftung bei Berührung? Das ist ein hartnäckiger Mythos, der aber absolut nicht stimmt. Das bloße Berühren von heimischen Giftpilzen ist ungefährlich! (Die einzige weltweit bekannte Ausnahme bildet der in Japan und Korea beheimatete Pilz Podostroma cornudamae, der bei Berührung Vergiftungssymptome verursacht.)

Die Wirkung der Pilzgifte entfaltet sich erst nach dem Verzehr im Verdauungstrakt, wo folglich auch die ersten Störungen auftreten, die sich mit Symptomen wie Übelkeit, Magenschmerzen, Krämpfen oder Erbrechen bemerkbar machen. Achtung: Solche Anzeichen können manchmal erst einige Stunden zeitversetzt oder auch am nächsten Tag aufkommen. Bei Verdacht hilft nur eines: sofort zum Arzt! Im Verdachtsfall gilt es umgehend abzuklären, ob eine Vergiftung vorliegt. Dabei ist es auch unbedingt notwendig, Speisereste oder Pilzreste aus dem Hausmüll mit zum Arzt zu nehmen – nur auf diese Weise kann eine sichere Diagnose gestellt werden.

Daher ist klar: Selbst mit einer gewissen Erfahrung ist die Pilzbestimmung nicht auf die leichte Schulter zu nehmen. Lieber zweimal hinschauen, riechen, nachschlagen oder nachfragen. Sicherheit geht vor Genuss!

2

Sie sind die Giftigsten unter den heimischen Pilzen: Den Grünen Knollenblätterpilz (1, *Amanita phalloides*), den Weißen Knollenblätterpilz (*Amanita verna*), den Gelben Knollenblätterpilz (2, *Amanita citrina*) sowie den Narzissengelben Knollenblätterpilz (3, *Amanita gemmata*) muss man definitiv erkennen. Das wesentlichste Merkmal findet sich am Stammansatz, der immer aus einer Art Hülle (Volva genannt) wächst. Ihre Lamellen sind weiß, die Hutfarbe reicht von weiß über gelb bis ins Grüne.

1

3

Damit du hundertprozentig sichergehen kannst: offizielle Beratungsstellen

Die schiere Artenvielfalt der Pilze macht es für den Laien fast unmöglich, jeden einzelnen Fund selbstständig zu bestimmen. Ein bunter Pilz hier, eine unbekannte Pilzgruppe da, ein scheinbar bekannter Pilz, der plötzlich doch andersartig wirkt – schon ist man mit seinem Pilzlatein am Ende. Kein Problem! Für jeden, den schlicht die pure Neugierde darüber packt, welch unbekanntes Wesen er hier wohl gerade entdeckt hat oder für alle, denen die nötige Sicherheit bei der Pilzbestimmung noch fehlt, gibt es professionelle Unterstützung.

Offizielle Pilzberatungsstellen sowie Pilzsachverständige bieten an fixen Terminen kostenlose und fachkundige Beratung an. Sie lösen auch den verzwicktesten Fall, da sich oftmals erst unter dem Mikroskop offenbart, um welche Art es sich handelt. Infos zu den offiziellen Stellen findest du im Anhang (Seite 176). Da die Bezeichnung „Pilzsachverständiger" vielerorts keiner gesetzlichen Regelung oder Prüfstelle unterliegt und somit mehr oder weniger frei verwendbar ist, empfiehlt es sich jedenfalls, diese geprüften Expertinnen zurate zu ziehen.

WANN DARF ICH WAS WO SAMMELN?

Stell dir vor: Du erlebst ein wahres Sammelwunder. Hier! Ein leuchtend gelbes Pfifferlingsfeld. Da! Steinpilze, einer schöner als der andere. Aus der Ferne lacht dir ein riesiger Parasol entgegen. Du bist im Paradies gelandet. An solchen Tagen füllt man schnell jeden mitgebrachten Korb oder jede Tasche. Und doch regen sich im Hinterkopf gerade dann leise Bedenken. Alsbald tauchen Fragen auf, wie:

- Ist die Pilzsuche in diesem Gebiet überhaupt erlaubt?
- Darf ich eigentlich unbegrenzt Pilze sammeln?
- Wie viel darf ich pro Person entnehmen?

Zuallererst: Unsere heimischen Wälder sind zu einem großen Teil in Privatbesitz (Seite 39). Folglich sind auch die Pilze Waldinventar und damit kein öffentliches Gut. Zu unserem Glück sprechen nur die allerwenigsten Waldbesitzer ein dezidiertes Sammelverbot aus oder verlangen eine Gebühr, damit wir unseren kleinen Freunden nachstellen dürfen. Solche Wälder sind in der Regel gut sichtbar mit Schildern gekennzeichnet.

Regionen mit Sammelverboten sind meist gut ausgewiesen.

Finger weg von Naturschutzgebieten!

Wo man sich als Pilzesucher keinesfalls aufhalten sollte: in Wäldern, die unter Naturschutz stehen. So wie wir den „normalen" Wald als Ort der Erholung nutzen, stellen diese Abschnitte Schutzzonen für Pflanzen, Tiere und Pilze dar. Dort können verschiedenste selten gewordene Pilzarten ungestört von menschlicher Suchaktivität wachsen und gedeihen. Wer in einem naturgeschützten Gebiet einen besonders tollen Pilz entdeckt und in Versuchung gerät, der sollte sich vor Augen führen: Ein Pilz mehr oder weniger macht für dich als Sammler wenig Unterschied, aber wenn dieser seltene Pilz hier im Wald bleibt, kann er für seine Art einen positiven Unterschied machen und mit seinen Abermillionen von Sporen neues Leben hervorbringen. Das Gleiche gilt für bedrohte Pilzarten außerhalb von geschützten Lebensräumen. Zugegeben: Ein seltenes Prachtexemplar stehen zu lassen, ist eine Herausforderung. Aber: Das Gefühl, auf ein so schützenswertes Lebewesen aktiv Rücksicht genommen zu haben, ist um Welten erfüllender als das schlechte Gewissen, das einen spätestens beim Verzehr eines seltenen Pilzes einholt!

Was für eine Ausbeute! Der Korb ist voll – Zeit, nach Hause zu gehen und die Köstlichkeiten in wunderbare Pilzgerichte zu verwandeln.

Die Faustregel für Pilzsammler

Wie viele Pilze man insgesamt sammeln darf, unterscheidet sich von Region zu Region, von Bundesland zu Bundesland und vor allem in der Schweiz von Kanton zu Kanton. Genaue Angaben dazu findest du über die Linksammlung im Anhang (Seite 176). Nichtsdestotrotz: Es gibt einen weitestgehend gültigen Richtwert im deutschsprachigen Raum:

2 kg Frischpilze pro Person und Tag

Wer darüber hinausschießt, dem droht per Gesetz eine Verwaltungsstrafe und wird mit einem Bußgeld bestraft. Dies gilt allerdings – und so ehrlich muss man an dieser Stelle sein – nur für den recht seltenen Fall, dass ein zuständiges Aufsichtsorgan vor Ort kontrolliert. Daher liegt es in unserer Eigenverantwortung, uns an diesen Grenzwert zu halten. Das Sammeln von mehr als 2 kg pro Person macht ohnehin wenig Sinn, da man solche Mengen erst einmal putzen, weiterverarbeiten und lagern wird müssen. Und wer hat schon so viel Platz in seinem Kühlschrank oder Tiefkühlfach, dass er mehrere Kilo Pilze darin unterbringen kann?

MYSTERIUM STANDORT: WO SOLL ICH SUCHEN?

Bevor du dich nun in den Wald begibst, überleg dir, wo du deine Suche starten möchtest. Gar nicht so einfach! Die wichtigste Frage für jeden Pilzsammler ist die nach den möglichen Wuchsorten der Pilze: Wo lohnt es sich, auf Pilzjagd zu gehen? Am besten überprüfst du zuerst online in den Datenbanken der mykologischen Gesellschaften (Seite 176), ob sich dein gesuchter Pilz in deiner Region überhaupt aufhält. Und dann: Nimm die Verfolgung auf. Werde zum Detektiv des Waldes und achte genau auf die Hinweise, die dich auf die richtige Fährte locken! Befasse dich mit den richtigen Bedingungen, die Pilze sprießen lassen. Und damit nichts schiefgehen kann: Sei dir im Klaren, wo du unterwegs bist, damit du dich nicht verirren kannst.

Die Suche nach Pilzen führt schon einmal in unwegsameres Gelände. Abhängen ist angesagt!

Der Pilzsucher: der Detektiv des Waldes

Eines ist sicher: Jeder Wald hat sein eigenes Geheimnis. Kein Waldstück gleicht dem anderen. Selbst in derselben Klimazone, mit ähnlichem Kleinklima und Baumbestand, können sich die Pilzvorkommen hinsichtlich Artenspektrum und Erscheinungszeit maßgeblich und ohne nachvollziehbaren Grund voneinander unterscheiden.

Daher liegt es an uns, nach den richtigen Indizien Ausschau zu halten. Dein Dasein als Pilzsammler kannst du also mit den Tätigkeiten eines Detektivs vergleichen: Du sammelst eifrig Hinweise, suchst nach Spuren im Wald – versuchst dabei, selbst keine zu hinterlassen – und führst Zeugenbefragungen durch, um am Ende des Tages, mit dem nötigen Glück, den kniffligen Pilzfall zu knacken. Als Detektiv kannst du dir die Inhalte dieses Buches als Lektionen zurechtlegen. Also Sherlock: Schnapp dir deine Lupe und mach dich auf in den nächsten Wald!

- **Lektion Nummer 1:** Setze deine Spürnase ein! Schärfe deine Sinne (Seite 52), eigne dir den richtigen Blick an (Seite 65 und Seite 68) und verlass dich hie und da auf deinen Geruchssinn (Seite 47).

- **Lektion Nummer 2:** Befrage vielversprechende Zeugen! Bäume geben dir Auskunft über das Versteck der

Pilze (Seite 39) und vielleicht auch andere erfahrene Sammler (Seite 53); spezielle Merkmale von Mikrostandorten verraten ebenfalls so einiges (Seite 66).

Lektion Nummer 3: Finde die richtigen Hinweise! Schau dir an, welche Bedingungen die Pilze zum Wachsen brauchen (Seite 54).

Was du sonst noch brauchst? Hartnäckigkeit gepaart mit einer Prise Unvernunft. Ich spreche aus Erfahrung: Bei vielen langen Märschen, ohne auch nur das Geringste zu finden, blieb ich stur und suchte weiter. Bisher bin ich noch (fast) jedes Mal dafür belohnt worden. Ein Beispiel? Eine unglaubliche Pilzfamilie mit 68 wunderschönen Steinpilzen in jeder erdenklichen Größe, alle um einen einzigen großen Baum angesiedelt. Gefunden am Ende eines bis dahin völlig erfolglosen Streifgangs. Das kannst auch du schaffen! Es gilt: mit offenen Augen durch die Landschaft zu gehen, sich auf sein Gespür zu verlassen und dran zu bleiben! Selbst wenn man einmal nichts findet, ein gutes Training war es allemal.

AKTIVIERE DEINE SINNE – UND ERKENNE SCHNELL EINEN GUTEN STANDORT

Wenn du einen neuen Waldabschnitt bzw. einen potenziellen Suchort betrittst, stelle deine detektivischen Sinne aufs Schärfste ein! Verschaffe dir zunächst einen Überblick über Baumbestand, Baumalter und Unterwuchs. Je nach Beschaffenheit deines Suchortes ergibt sich nach einer ersten Analyse ein Bild aus Pilzarten, mit denen du abhängig von der Jahreszeit rechnen und nach denen du somit aktiv suchen kannst.

Durchkämme danach das Gebiet, indem du dich von einem vielversprechenden Kleinststandort zum nächsten bewegst. Diese Vorgehensweise strukturiert den Suchvorgang und erhöht den Sucherfolg spürbar. Ausnahmen in Form von unerwarteten oder unbekannten Pilzarten bestätigen natürlich die Regel und sind eine erfreuliche Abwechslung bei der Suche.

Bist du Suchneuling? Merk dir, wie die Wälder aussehen, in denen du Pilze findest. Mit ein bisschen Erfahrung erkennst du, dass sich pilzreiche Waldabschnitte insbesondere im Hinblick auf den Unterwuchs stark ähneln. So bekommst du ein Gefühl, in welchem Gebiet sich eine genauere Suche lohnt und an welchen Abschnitten du getrost vorbeigehen kannst.

Lupe? Brauchst du nicht. Wecke deine detektivischen Sinne!

Schau genau: Eine Einstiegsübung für Anfänger

Wie kannst du deinen Instinkt trainieren und neue Standorte ausfindig machen? Du kannst mit dieser Übung beginnen: Immer, wenn du unterwegs bist, zum Beispiel im Zug oder als Beifahrer im Auto, kannst du die umliegenden Wälder und Forstlandschaften genau begutachten. Analysiere die Gegebenheit des Standorts:

- Welche Bäume wachsen hier? – Suche nach: Buchen, Eichen, Fichten oder Kiefern
- Wie sieht der Unterwuchs aus? – Am besten: nur wenig Gras und bodenbedeckende Sträucher, dafür: ausreichend Laub und Totholz, was ein gutes Zeichen für naturbelassene Standorte ist.
- Führen kleine ausgetretene, kaum sichtbare Wege durch den Wald? Das ist ein eindeutiges Zeichen für eifrige Pilzjäger.

Geübte Pilzsucher können mit diesem sechsten Sinn schnell gute von weniger aussichtsreichen Pilzplätzen unterscheiden. Also: Augen auf! Ihr werdet erstaunt sein, welche Geheimnisse diese verborgene Welt mit euch teilen wird.

Jedem Sammler sein eigenes Plätzchen

Betrachtet man die Standorttreue vieler Pilze, ist es für jeden Pilzsucher von unschätzbarem Wert, sich seine eigenen „Plätzchen" zu suchen. Jeder geübte Sammler hat bestimmte Waldabschnitte im Kopf, die er regelmäßig absucht. Aber: kaum jemand wird sie dir verraten. Es ist eines der zentralen ungeschriebenen Gesetze des Pilzesuchens: dass gute Standorte oft über Generationen gehütet und höchstens innerhalb der Familie weitervererbt werden.

Wie kannst du also dein eigenes Plätzchen finden? Und dafür sorgen, dass niemand anderer dir in die Quere kommt? Du kannst aufatmen: Gefunden ist noch lange nicht alles. Selbst an vermeintlich abgesuchten Standorten finden sich immer wieder Stellen, an denen noch niemand gesucht hat. Oder überhaupt niemand sucht. Solche Fleckchen sind oftmals bei oder noch besser in niedrigen Gebüschen, steileren Hanglagen oder Zonen rund um umgestürzte Bäume angesiedelt oder sie liegen unberührt in den Tiefen unserer Wälder verborgen.

Geheimniskrämerei: Ob dir wohl jemand einen guten Standort verrät?

Wenn du mit der Pilzsuche beginnen möchtest, aber noch keine Vorstellung von möglichen Suchorten hast, kannst du trotzdem einmal versuchen, bei anderen nachzufragen. Wenn du Glück hast, bricht jemand sein inoffizielles Schweigegelübde und gibt dir einen Hinweis. Am freigiebigsten mit solchen sensiblen Informationen sind mit Sicherheit die älteren Generationen, die zu den eifrigsten Sammlern zählen oder zählten. Besorge dir also deine Hinweise bei Bekannten, dann kannst du dich zu besagtem Waldstück aufmachen und (hoffentlich) erste Sammelerfolge feiern. Ein weiteres wichtiges Indiz: parkende Autos an unscheinbaren Stellen entlang von Waldstraßen. Dann heißt es unmissverständlich: Es ist Pilzzeit!

Gute Aussichten: Sammeln zur Hauptsaison

Du bist blutiger Anfänger oder hast ein konkretes Waldstück im Kopf, das du neu erkunden möchtest? Dann macht es Sinn, dieses erstmals in der Hauptsaison ausgiebig zu durchsuchen. Also am besten im September oder Oktober in niederen Lagen oder im August ab 1000 Meter Seehöhe. Nur so lässt sich verlässlich sagen, ob sich dieses Waldstück als Suchgebiet eignet, da abseits der

Da geht uns das Herz auf: ein sagenhafter Pfifferlingsfund.

Hauptsaison viele Gebiete wie ausgestorben wirken. Klar: Pilze sprießen zu jeder Jahreszeit. Aber wenn du noch ungeübt bist oder ein neues Plätzchen auskundschaftest, solltest du dann anfangen, wenn zahlenmäßig am meisten Pilze in die Höhe treiben. So verbessern sich deine Chancen ungemein und du bekommst ein Gespür für verschiedene Standorte.

Für den richtigen Riecher: Welche Faktoren beeinflussen das Pilzwachstum?

Wie du inzwischen herausgefunden hast, sind die Lebensweisen der Pilze, ihre Artenvielfalt und ihr Vorkommen nach wie vor noch nicht gänzlich erforscht. Es gibt also keine Zauberformel dafür, wann du wo welche Pilze finden kannst. Aber: Wenn du auf die Umweltbedingungen achtest und nach den richtigen Hinweisen Ausschau hältst, kannst du den Pilzen schnell auf die Spur kommen! Hier sind die wichtigsten Anhaltspunkte zusammengefasst.

1. Lass es regnen! Was der Niederschlag ausmacht

Die mit Abstand wichtigste Voraussetzung für das Wachstum unserer kleinen Freunde ist Regen – unabhängig von der Jahreszeit. Auch die Temperatur hat hier einen Einfluss. Pilze mögen es feucht und warm. Ist ihnen zu kalt, ist es zu trocken oder auch zu nass, wachsen sie nicht. Bei den Sommer- und Herbstpilzen spielen die Bedingungen im März und April bereits eine große Rolle: Zu diesem Zeitpunkt werden die Fruchtkörper unterirdisch angelegt. Auch für Frühjahrspilze wie die Morcheln sind diese Monate ausschlaggebend: Ist der März zu trocken und warm, lassen sie lange auf sich warten und erscheinen vielerorts erst gegen Ende April, sofern es bis dahin ausreichend geregnet hat. Ist der März (überdurchschnittlich) warm und feucht, kann man bereits gegen Ende dieses Monats mit der Suche beginnen. Das gleiche Muster gilt für Steinpilze in niederen Lagen für September und Oktober. Von Jahr zu Jahr können somit mehrere Wochen Unterschied im Pilzvorkommen an einem bestimmten Standort auftreten. Es heißt: dranbleiben und den richtigen Zeitpunkt abschätzen.

Einige Erkenntnisse aus dem Erfahrungsschatz von Frau Prof. Krisai-Greilhuber: Wichtig für das Pilzwachstum sind anhaltende Niederschläge am besten über mehrere Tage verteilt. Wer nach einem einzelnen Gewitter nach einer langen Trockenphase in den Wald stürmt, hat wenig Erfolgsaussichten. Ein bisschen Geduld ist gefragt: Nach ergiebigen Regenmengen kann man eine ungefähre Wartezeit von 10–14 Tagen einplanen – danach steigen die Chancen, etwas zu finden! Dieser Richtwert gilt insbesondere für Mykorrhizapilze.

Direkt im Anschluss an einen Regenschauer oder sogar währenddessen nach Pilzen zu suchen, macht im Hinblick auf ihre Qualität ebenfalls wenig Sinn: Pilze neigen dazu, Wasser wie ein Schwamm aufzusaugen und büßen somit stark an Festigkeit ein. Daher ist es empfehlenswert, einen Tag bzw. eine warme Nacht Abstand zwischen Regen und Sammeltour einzuplanen.

2. In schwindligen Höhen oder niederen Zonen – was die Höhenlage ausmacht

Die Höhenlage hat einen maßgeblichen Einfluss darauf, wann Pilze auftreten. Es macht zeitlich gesehen einen großen Unterschied, ob du im Flachland suchst, also in Gebieten unter 500 m Seehöhe oder in höheren Lagen ab 1000 m Seehöhe. Ein grober Richtwert aus der Ökologie besagt, dass sich die Vegetation je 100 m zunehmender Höhe um rund eine Woche verzögert. Im Pilzsommer können wir das Auftreten der Pilze am Beispiel von Steinpilz und Pfifferling analysieren: Im Flachland beginnt nach warmen und unbedingt feuchten Bedingungen die Saison so richtig ab Ende Mai und dauert bis Ende Juni bzw. Anfang Juli. Danach ist – bei mir im regenarmen Wiener Raum – bis September nur wenig zu finden. Ausnahmen bestätigen natürlich die Regel, also nicht den Kopf in den Sand stecken. Glück hat, wer in feuchteren Gebieten suchen kann. Dafür dauert die lang ersehnte Herbstsaison oftmals bis Anfang November und ermöglicht uns einen fliegenden Wechsel ins Reich der Winterpilze.

Wer keine Suchgebiete in flacheren Gebieten kennt oder deren Pilzarmut in den Sommermonaten entflieht, muss etwas Geduld mitbringen und ab Ende Juli bzw. Anfang August in höhere Suchgebiete auf über 1000 m Seehöhe ausweichen. Sofern genug Regen fällt, dauert die Saison in solchen Gebieten bis Ende September bzw. Anfang Oktober – also bis zum Beginn der ersten Fröste.

Ganz schön steil: Es lohnt sich, die verschiedenen Höhenlagen der Wälder zu erkunden. So kannst du flexibler sein und deine Chancen auf viele verschiedene Pilzfunde erhöhen.

3. Auf der Sonnenseite der Pilze – was die Hangausrichtung ausmacht
Auch die Himmelsrichtung spielt eine gewisse Rolle. Die ersten Steinpilz- und Pfifferlingsfunde treten bei uns immer an Südhängen auf. Die Sonne wärmt hier den vom Frühling noch kalten Boden und begünstigt somit das Austreiben der Pilze. Auch Ränder von Forststraßen sind ein interessanter Tipp für Erstfunde. Mit zunehmender Trockenheit werden diese uninteressant, es zieht uns tiefer in die Wälder, in Richtung der Schluchten und Gräben, in denen sich die Feuchtigkeit besser hält und selbst in sehr trockenen Phasen die eine oder andere willkommene Überraschung birgt.

4. Sauer lässt fruchten! Oder doch basisch? Was die Bodenart ausmacht
Jede Bodenart hat ihre eigenen Pilzarten! Während sich einige unserer liebsten Sommer- und Herbstpilze wie Steinpilze, Reizker oder diverse Pfifferlingsverwandte besonders in sauren Böden wohlfühlen, mögen es die Frühlingspilze wie beispielsweise Speisemorchel und Maipilz eher basisch.

Wir können uns anhand einiger Zeigerpflanzen schnell einen groben Eindruck über die Bodenart machen. Nadelwälder sind meist sauer, auch Farne, Fingerhüte, sowie Heidel- und Preiselbeeren sind eindeutige Anzeiger. Aber auch Laubwälder aus Buchen, Eichen und Birken sind oftmals sauer. Hingegen weisen Laubhölzer wie Eschen, Weiden und Pappeln auf basische Böden hin. Im Unterwuchs finden sich dort Pflanzen wie Schneeglöckchen, Bärlauch und Schuppenwurz. Hänge, die im Frühling mit Bärlauch bedeckt sind, kannst du somit getrost bei der Suche nach Steinpilzen und anderen "sauren Freunden" auslassen!

Hier findest du einige deiner Lieblingspilze und die Böden, auf denen sie sich tendenziell wohlfühlen:

Wir mögen es sauer:	Wir mögen es basisch:
Spitzmorcheln (Seite 83)	Speisemorcheln (Seite 82)
Steinpilze (Seite 92) und andere Röhrlinge (Seite 94)	Maipilze (Seite 84)
Pfifferlinge (Seite 112) und Pfifferlingsverwandte (Seite 118 und 120)	(Wiesen-)Champignons (Seite 86)

Orientierungshilfen gesucht? Wie du dich ganz bestimmt nicht verirrst

Dank moderner Satellitentechnik ist heute, zumindest aus der Vogelperspektive, kein Ort auf der Erde mehr unentdeckt. Für uns Pilzsucher heißt das: Wir können ein vielversprechendes, aber unbekanntes Gebiet mithilfe von Online-Karten schon im Vorfeld der Suche genau erkunden. Damit kannst du nicht nur vorab den Standort auf seine Beschaffenheit und somit deine Erfolgsaussichten analysieren. Sondern: Du weißt auch, wohin du dich begibst und kannst dir einen guten Überblick über die Orientierungspunkte verschaffen. Forststraßen, Wiesen, wechselnde Baumbestände und Altersunterschiede sind dort erkennbar und erleichtern es, sich in einem neuen Waldabschnitt zurechtzufinden.

So stellst du sicher, dass du dich nicht verläufst – und im Falle des Falles weißt, was zu tun ist:

1) Schau dir den Wald von oben an. Bevor du dich auf den Weg machst, analysiere unbedingt die Luft- oder Satellitenbilder deines Suchgebietes. Damit kannst du überprüfen, ob zum Beispiel Forststraßen, die eine wichtige Orientierungshilfe darstellen, plötzlich enden. In diesem Fall gilt: Der sicherere Weg, den du zumindest kennst und schon einmal abgegangen bist, ist meist die klügste Wahl. Am besten nimmst du dein Smartphone mit auf die Suche. In den meisten Abschnitten unserer heimischen Wälder, die nicht komplett abgeschieden sind, hast du Internet-Empfang. So kannst du auch unterwegs auf die Online-Karten zurückgreifen und dich orientieren.

2) Orientiere dich am Wegverlauf. Sobald du dich mit einem Waldstück grob vertraut gemacht hast, kannst du dich am Forstweg, den du gerade verlassen hast, ausrichten. Angenommen, das interessante Suchgebiet befindet sich links von dir und der Forstweg zieht sich relativ geradlinig dahin. Nun begibst du dich tiefer in den Wald, um deine Chancen zu erhöhen und mehr Fläche abzusuchen. Solange du in Laufrichtung der Forststraße gehst, weißt du, dass diese sich immer rechts von dir befindet – auch, wenn du sie aus den Augen verlierst. Deshalb ist es wichtig, bei der Suche nicht plötzlich die Richtung zu ändern und die Himmelsrichtungen im Blick zu behalten. In vielen Gebieten drehen Forstwege eine Schleife – für diesen Fall weißt du, dass du, egal in welche Richtung du auch gehst, immer auf diese zurückkommen wirst.

3) Mach dich nur untertags auf die Suche. Wer zu spät kommt, den bestrafen die Pilze: Nicht nur, dass dir vielleicht schon jemand anderes zuvorgekommen ist und du keine mehr findest. Auch die Orientierung leidet, wenn sich die Sonne in Richtung Horizont neigt. Unterschätzt werden darf vor allem nicht die abnehmende Tageslänge im Herbst. Es macht im Übrigen auch wenig Sinn, am späten Nachmittag zu starten: In der Dämmerung ist die Wahrscheinlichkeit, fündig zu werden, ohnehin deutlich geringer. Geübte Pilzsucher starten früh am Morgen. Da schauen die Pilze nach ihrem Schönheitsschlaf ganz frisch aus Erde und Baumstamm.

Der Forstweg als Orientierungspunkt: Von dort aus startest du deine Suche und dorthin kommst du am Ende wieder zurück.

Worst-Case-Szenario: Du bist in einen wahren Pilzrausch verfallen, der dich in unbekannte Gebiete geführt hat. Deine Umgebung kommt dir nicht mehr bekannt vor, du bist unsicher, wo der nächste Orientierungspunkt liegt. Nun gilt es in erster Linie, ruhig zu bleiben, es besteht kein Grund zur Unruhe. Österreich, Deutschland und die Schweiz besitzen zwar sehr viele und weitläufige Waldflächen, jedoch sind diese fast ausschließlich in forstlicher Bewirtschaftung und gut erschlossen. Konkret heißt das: Geht man länger in dieselbe Richtung und behält die Himmelsrichtungen im Auge, stößt man in der Regel nach einiger Zeit auf einen Weg, eine Forststraße oder sogar auf eine Landstraße. In einer solchen Situation ist es aber ebenso wichtig, keinen falschen Stolz an den Tag zu legen. Für den Fall, dass man sich in besonders unwegsamem Gelände wirklich aussichtslos verirrt hat und die Dämmerung einsetzt, ist es besser, einen Notruf abzusetzen. Kein Netz? Kein Problem: Probier's mit der europäischen Notrufnummer. Schalte dazu einfach dein Handy aus und tippe statt des PINs die Nummer 112 ein. Es sucht dann nicht das Netz deines Mobilfunkanbieters, sondern das stärkste vorhandene Netz. Funklöcher sind heutzutage nur noch selten. In den meisten Gebieten wirst du eine Verbindung herstellen können. Bedenke: Jeder kann sich verirren – kein Grund, sich zu schämen!

HOCH DIE TASCHEN! AUSRÜSTUNG UND SAMMELTIPPS

Wir kommen in die heiße Phase: Du hast bereits eine Vorstellung davon, in welchen Gebieten du dich auf die Suche machen kannst? Wunderbar. Jetzt geht es noch darum, die Details zu klären: Was musst du für deine Suche mitnehmen? Wie entnimmst du die Pilze am besten von Waldboden oder Baumstamm? Wie kannst du sicherstellen, dass du ein prima Plätzchen auch beim nächsten Mal wiederfindest? Fragen über Fragen. Lies hier nach!

So bewaffnest du dich richtig für die Pilzjagd

Wie heißt es schön: Die besten Dinge im Leben kosten nichts. Ich bin mir nicht sicher, ob der Urheber dieses Sprichworts damit das Pilzesuchen gemeint hat, aber dieser Satz passt wie Deckel auf Topf. Die Voraussetzungen für das Sammeln sind äußerst überschaubar:

- Feste und idealerweise wasserdichte Schuhe mit gutem Profil – damit dir keine Pfütze und kein steiler Hang den Sammelspaß verdirbt.
- Lange Hose – auch im Sommer möchtest du dich vor Kratzern durch Äste oder bodennahe Pflanzen und Sträucher schützen.
- Pilzmesser – zum Abschneiden und evtl. auch Putzen der Pilze.
- Ein luftdurchlässiger Behälter zum Verstauen deiner Pilze: Korb oder Stofftasche.
- Und mein Geheimtipp: weitere, leichte Behältnisse, in denen sonstiges Sammelgut sauber transportiert werden kann – wie zum Beispiel Beeren, Kräuter oder besonders sensible Pilze.

Aus langjähriger Erfahrung weiß ich, dass man schnell dazu neigt, zu viel Unnützes mit sich herumzuschleppen: Rucksack, Essen und Trinken, Zusatzkleidung etc. sind nur bei mehrstündigen Wanderungen zu empfehlen. Alles zusätzliche Material fällt bei längeren Märschen stark ins Gewicht und mindert den Spaß am Gehen spürbar.

Unverzichtbar? Natürlich dieses Buch.

Mit einem Pilzmesser bist du tipptopp ausgerüstet!

Kuschlige Transportmöglichkeiten für unterwegs

Jeder Pilzsammler hat gewisse Vorlieben, wenn es um das richtige Utensil zum Verstauen seiner Pilze geht. Die einen bevorzugen Körbe, die anderen Stoffbeutel. Um herauszufinden, welches Behältnis sich für deine nächste Tour eignet, solltest du dir am besten überlegen, welchen Schwierigkeitsgrad deine Wanderung hat. Warum? Schau hier:

Ein Korb ist für das Pilzwohl natürlich ideal. Die Vorteile sind schnell erläutert: Die Pilze lassen sich locker übereinanderstapeln, erdrücken sich nicht gegenseitig und werden optimal belüftet. Der Nachteil? Er ist relativ unhandlich und eignet sich somit nur für leichtere Suchgänge, bei denen er nicht allzu sehr ins Gewicht fällt. Hinzu kommt, dass man sofort, schon von Weitem, eindeutig als Pilzsammler identifizierbar ist und somit unweigerlich verrät, dass es hier etwas zu finden gibt.

In Stofftaschen kann es bei unsachgemäßem Umgang zwar schon einmal zu Quetschungen kommen – aber ansonsten eignen sie sich bestens für ausgiebigere Touren oder unwegsameres Gelände. Sie haben praktisch kein Eigengewicht und können bei größeren Funden leicht im Doppelpack transportiert werden. Verstaut man die Pilze vorsichtig darin, können sie –relativ unversehrt – ans Ziel gebracht werden. Manche Pilze sind aber aufgrund ihrer Struktur und Festigkeit besonders fragil und daher für den Transport in Stofftaschen ungeeignet. Aus schmerzlicher Eigenerfahrung weiß ich, dass sie so zerrieben werden und unbrauchbar zuhause ankommen. Sensible Pilze, die in einem Korb oder getrennt transportiert werden sollten, sind zum Beispiel Parasole, Täublinge, Reizker, Schopftintlinge. Hierfür empfiehlt sich ein zusätzlicher kleiner Stoffsack oder mittelgroße Plastikschalen, wie sie beispielsweise für Obst verwendet werden.

Die unendliche Geschichte: abschneiden oder herausdrehen?

Und gleich zum nächsten Streitpunkt unter eingefleischten Pilzsammlern, der immer wieder für hitzige Diskussionen sorgt: Soll man die Pilze nun mit dem Messer abschneiden oder nur mit den Fingern aus der Erde herausdrehen? Diese Frage lässt sich im Prinzip leicht beantworten: Beide Techniken zur Entnahme größerer Pilze sind legitim.

Drehst du die Pilze sanft heraus, schädigst du das darunterliegende Myzel nicht.

Wenn man sich fragt, welche Variante die „natürlichere" ist, kann man sich überlegen, wie sich die Pilze ohne menschliches Zutun entwickeln würden. Größere Pilzarten wie beispielsweise Parasole oder Steinpilze bekommen mit zunehmendem Alter ein Übergewicht im Bereich des stärker wachsenden Huts, was im Endeffekt dazu führt, dass irgendwann der gesamte Pilz einfach umkippt. Das würde für die Variante des Herausdrehens sprechen. Auf der anderen Seite schaffen es einige Pilze nicht bis zu dieser Größe und werden mitunter von Schnecken überrannt und fast restlos verspeist. In diesem Fall bleibt nur der „Anschnitt" zurück und baut sich mit der Zeit ab. Somit ist auch dieses Szenario, das dem Abschneiden gleichkommt, ganz natürlich. Es kommt dabei nicht, wie manchmal fälschlicherweise behauptet, zu Fäulnis und es entsteht kein Schaden am unterirdischen Pilzkörper.

Egal, ob abgeschnitten oder herausgedreht: Nachdem du den Pilz entnommen hast, decke das entstandene Loch mit umgebendem Material wie Blättern, Nadeln oder Streu leicht ab. So schützt du den unterirdischen, sehr empfindlichen Teil des Pilzgeflechts vor Sonnenstrahlung und Trockenheit.

Ich persönlich bin ein Anhänger des vorsichtigen Herausdrehens. Hauptgrund dafür ist meine Neugier darüber, was sich unter der Erde noch verstecken mag. Du wirst dich wundern, welch mächtiger Stiel sich in manch lockerem Boden noch verbirgt. Es kommt nicht selten vor, dass der Großteil des Pilzes auf den ersten Blick gar nicht zu sehen ist. Ein weiterer wichtiger Aspekt bei dieser Variante: Viele Pilze haben am Stammansatz eindeutige Erkennungsmerkmale und lassen sich nur daran eindeutig bestimmen. Beispielsweise grenzt sich der ungenießbare Karbolegerling (Champignonart) durch eine typische Gelbverfärbung an der Basis von seinen essbaren Verwandten ab (Seite 86).

Bevorzugst du das Abschneiden, ist es wichtig, besonders behutsam vorzugehen. Bitte stochere nicht mit dem Messer im Boden herum, um den Pilz zu entnehmen! Wenn es sich mit dem Messer nicht leicht bewerkstelligen lässt, verwende lieber deine Finger. Nur so stellst du sicher, dass das unterirdische Myzel nicht nachhaltig beschädigt wird.

Studien zu diesem Thema bestätigen, dass die Art der Entnahme keine Rolle spielt und dass das Suchen an sich das Pilzvorkommen nicht negativ beeinträchtigt – sofern auf einen achtsamen Umgang mit der Natur geachtet wird. Einige Pilze profitieren sogar von der zusätzlichen Sporenverbreitung durch den Menschen. Ein aktuelles Beispiel dafür ist der außerirdisch anmutende, nicht genießbare Tintenfisch- oder Krakenarmpilz *(Clathrus archeri)*, der langsam seine Tentakel durch Europa ausstreckt.

Saubere Sache: am Fundort putzen oder lieber zuhause?

Nach dem Finden und der Entnahme steht ein weiterer wichtiger Punkt an – das Säubern. Auch hier gibt es wieder zwei Varianten mit unterschiedlichen Vor- und Nachteilen.

Was für das Putzen direkt am Fundort spricht:

- Das Nachputzen zuhause ist bei größeren Mengen, vor allem bei den kleinen Pfifferlingen, ein langwieriger Prozess.
- Die Pilze bleiben während des Transports sauber und beschmutzen sich nicht gegenseitig.
- Reste und Sporen bleiben im Naturkreislauf erhalten.

Was dagegen eingewendet werden kann:

- Du hinterlässt eine Spur im Wald. Das bedeutet für den unmittelbaren Sucher nach dir: Pech gehabt, du bist zu spät! Gleichzeitig wird er sich die Stelle aber auch merken, da hier eindeutig etwas wächst!
- Durch den Putzvorgang kommt es zu einem spürbaren Zeitverlust, der die Suchzeit einschränkt und deutlich weniger Funde zulässt.

Die gründlichen Sucher putzen vor Ort und sparen sich die Arbeit zuhause. Ich persönlich bevorzuge Variante zwei und putze nur das Nötigste am Fundort. Die Neugierde, was es noch zu entdecken gibt, treibt mich meistens sofort weiter.

Besser du versteckst deine Fundreste unter dem Laub, so verwischst du deine Spur und hältst diesen Fundort geheim.

Kein Fake – diese Hinterlassenschaft konnte ich aus mehreren Metern Entfernung erkennen. Dieser offensichtlich ergiebige Fundort wird nächstes Jahr auf jeden Fall besucht. Beachte: Gelbe Stellen (= Goldschimmel), wie sie hier zu sehen sind, sollten bei Steinpilzen unbedingt entfernt werden!

Eine Frage des Geschmacks: Wie erkennst du gute Qualität?

Geschmäcker sind bekanntlich verschieden, so ist es auch bei den Pilzen. Am stärksten zeichnet sich das für mich bei den allseits beliebten Steinpilzen ab. Für den Handel ist vorwiegend die Größe der Pilze der entscheidende Faktor. Ein mir bekannter Gemüsehändler beispielsweise bietet ausschließlich kleine, ganz „junge“ Exemplare an. Ihm zufolge sind Steinpilze, sobald die grünen Röhren sichtbar werden, völlig unverkäuflich. Mit der tatsächlichen Qualität hat die Größe aber relativ wenig zu tun, da letztere genauso frisch sein können wie die kleineren Exemplare. Im Gegensatz dazu bietet sich in der Gastronomie oft ein anderes Bild. Hier werden alle Größen und Formen verwendet – Hauptsache, es schmeckt.

Mach den Qualitätscheck!

Wie kannst du also zwischen qualitativ mehr oder weniger hochwertigen Exemplaren unterscheiden? Hier einige Merkmale von diversen Pilzarten, die darauf hindeuten, dass der Pilz schon zu alt ist oder anderweitig unbrauchbar geworden ist:

1) Schau unter den Hut: Bei Röhrlingen (Seite 94) sind Altersunterschiede vorwiegend an den Röhren erkennbar – die Hutfarbe verändert sich hingegen weniger. Die anfänglich helleren Röhren werden mit zunehmendem Alter immer dunkler, bis sie letztendlich schwarz werden. Ein deutliches Zeichen, diese Exemplare im Wald zu lassen. Wundere dich also nicht, wenn deine Finger oder Hände nach einer Kontrolle plötzlich schwarz sind. Keine Sorge: Solche Altersspuren sind leicht abwaschbar.

Steinpilzhüte unterschiedlichen Alters.

Erst unter dem Hut erkennt man die Altersunterschiede.

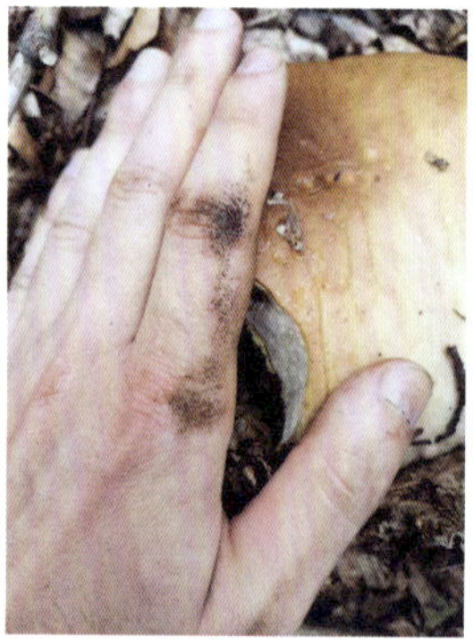

Überreife Steinpilze hinterlassen eindeutige Spuren bzw. Sporenabdrücke …

2) Achtung, Schimmel! Gerade bei Röhrlingen ist auf Schimmelbefall zu achten. Dieser tritt meist an der Hutunterseite oder am Stammansatz auf und ist nicht unbedenklich. Solche Exemplare führen häufig zu Unverträglichkeiten bis hin zu leichten Vergiftungen und sind ausnahmslos im Wald zurückzulassen.

Pilz frisst Pilz. Im Zweifelsfall erkennt man schlechte Exemplare am muffig-faulen „Aroma“. Geruchstest nicht vergessen.

3) Messertest: Eine gute Möglichkeit zur Qualitätskontrolle bei größeren Pilzen ist es, den Hut bzw. die Kappe durchzuschneiden. Sollte das Messer glatt durchgehen und das Fleisch fest sein, hat der Pilz den Test bestanden. Ist er hingegen sehr weich, bleibt das Messer hängen und reißt den Pilz eher ein, anstatt ihn sauber zu zerschneiden, handelt es sich um ein zu nasses oder zu altes und somit unbrauchbares Exemplar.

4) Da ist der Wurm drin! An diesem Punkt scheiden sich wieder die Geister. Für viele Pilzsucherinnen gelten Wurm- oder Madenbefall als absolutes No-Go. Selbst die schönsten Exemplare werden schweren Herzens zurückgelassen oder bis auf einen winzigen madenfreien Rest kastriert. Für mich selbst stellt das kein größeres Problem dar. Sofern der Pilz alle anderen Qualitätsmerkmale erfüllt, schaue ich gern über die ein oder andere Made hinweg. Gerade in der frühen Saison sind madenlose Steinpilze fast nicht zu finden.

5) Der farbliche Unterschied: Zusätzlich kann man je nach Pilzart Farbe und Erscheinung begutachten. Mit der Zeit bekommst du ein Gefühl dafür, wie ein frischer Pilz aussieht. Weichen Exemplare davon ab, sind sie ausgebleicht oder ist ihre Farbe auf andere Weise verändert, erscheinen sie schrumpelig oder vertrocknet – bist du leider zu spät. Finger weg!

6) Auf die Größe kommt's an! Während so mancher gigantische Steinpilz keinen Platz mehr in Korb oder Tasche findet und somit im Wald seiner Arterhaltung weiter nachgehen kann, ist vor allem die Mitnahme sehr kleiner Pilze problematisch. Nur wenige Zentimeter große oder noch unterentwickelte Pilze solltest du unbedingt in der Natur belassen, damit sie noch wachsen und dich vielleicht beim nächsten Suchgang erneut erfreuen können.

Lass mich im Wald, meine besten Tage kommen erst!

Weiche, schwarze Röhren, innen von Maden angeknabbert – einen solchen Pilz solltest du unbedingt im Wald belassen. Die Mitnahme und der Verzehr solcher alten Pilze ist die häufigste Ursache für Unverträglichkeiten (Seite 46).

Neue Fundorte: aufschreiben, skizzieren, merken!

Ich verspreche dir: Wenn du damit beginnst, deine Funde und Standorte zu dokumentieren, wirst du deine Pilzkarriere auf ein völlig neues Level heben und langfristig deine Sucherfolge sicherstellen.

Gerade wenn man das ganze Jahr über suchen will, ist es wichtig zu wissen, welche Pilze man wann und wo genau gefunden hat. Schon ein grobes Verzeichnis zu Arten, Menge und Standorten ist sehr hilfreich. Also: Sobald du fündig geworden bist, dokumentiere es! Verpasse deinen Fundplätzen Namen und unterteile sie: im Gebüsch, bei den alten Buchen, neben dem Bachlauf, beim größten umgestürzten Baum etc. Zusätzlich zur Namensgebung macht es Sinn, zumindest ungefähr die Wetterverhältnisse vor den Funden zu notieren, da in Zeiten des Klimawandels die Bedingungen und damit das zeitliche Auftreten von Pilzen von Jahr zu Jahr sehr stark schwanken können (Seite 42).

Viele der Pilze, die in diesem Buch behandelt werden, sind sehr standorttreu und wachsen mitunter über Jahrzehnte am selben Platz. Bei solchen Pilzen ist es überaus praktisch, genauere Karten von den einzelnen Suchgebieten anzufertigen. Man kann sich einfach an bestimmten Merkmalen orientieren, durch die sich einzelne Waldstücke voneinander unterscheiden. Umgestürzte Bäume, Bäche, große Wurzeln, Gebüsche, spezielle Baumarten, moosbedeckte Stellen oder Ähnliches dienen als Anhaltspunkte und können in der Skizze gemeinsam mit den jeweiligen Pilzen, die in ihrer Nähe wachsen, verzeichnet werden. So weiß man zumindest grob, wann man wo nach welchen Pilzarten suchen kann und wird viel eher fündig!

Diese strategische Vorgehensweise mindert zwar ein bisschen den Zauber der Überraschung, wenn man unerwarteterweise ein tolles Plätzchen findet – hilft aber sehr dabei, Leergänge zu vermeiden sowie die Ausbeute langfristig zu erhöhen.

Ein neuer Fundort sollte sofort per Skizze festgehalten werden. Auch Kleinststandorte gehören möglichst detailgetreu abgebildet.

Detailverliebt: Sammeln für Pilzprofis

Wenn du den Wald zur Pilzjagd betrittst, brauchst du einen ausgeklügelten Schlachtplan. Hier findest du vier weitere Profitipps, die dir dabei helfen, deine Suche zu strukturieren. So wird dir (fast) kein Pilz mehr entgehen!

Auch an Baumstämmen lohnt sich der Blick nach oben.

1) Blickrichtung: Schau bei der Suche in steilerem Gelände immer von unten nach oben!

Vor allem dunklere Pilzarten verschwimmen regelrecht mit ihrer Umgebung und sind von oben betrachtet oft nur schwer zu finden (es sei denn, sie weisen weiße Fraßstellen auf, die manchmal meterweit erkennbar sind – den eifrigen Schnecken sei Dank!). Richtet man seinen Blick konzentriert aufwärts, erkennt man Unregelmäßigkeiten am Waldboden wesentlich besser und entdeckt plötzlich viel leichter Pilze, die aus Streu, Laub, Moos oder Gras hervorragen. Zudem sieht man auf diese Weise die oftmals heller gefärbten Stämme vieler Pilzarten, die ebenfalls hervorstechen.

2) (Don't) follow me: Wandere nicht auf den Spuren vorheriger Sucher!

Es gibt wenig Frustrierenderes, als lediglich in den Fundresten von vorangegangenen Pilzsammlern zu stöbern. Erkennt man frische (also noch feuchte) Anschnitte, aufgewühltes Laub und Grasstellen mit Pilzresten oder Waldabschnitte, wo sämtliche „falsche" Pilze umgestoßen sind, ist es besser, nicht seine Zeit und Motivation in diesem Gebiet zu verschwenden. Aber: Immerhin weiß man, dass hier zurzeit einiges wächst. Nun gibt es zwei Möglichkeiten: Entweder du steuerst das nächstgelegene Suchgebiet an, um dort dein Glück zu versuchen. Oder – und das ist die eindeutig spannendere Variante – du hältst noch im gleichen Umkreis nach neuen Fundorten Ausschau. Oftmals sind nur die leicht zugänglichen Abschnitte abgesucht. Begibst du dich tiefer in den jeweiligen Wald, gern über Bäche, Gräben oder sonstige „Hindernisse", offenbart sich dir oftmals ein unberührtes Bild. Das Gefühl, einen neuen, unberührten Pilzwald zu finden, wird dich schnell in den Bann ziehen – durchhalten lohnt sich!

3) Auf Zehenspitzen: Achte auf deine Schritte und pass auf, wo du hintrittst!

Ein weiterer Tipp, der einem Sammelneuling vielleicht nicht gleich bewusst ist: Wenn du einen Pilz entdeckst, bleib am besten stehen und scanne deine Umgebung genau, bevor du den Erstfund erntest. Allzu oft ist es schon passiert, dass man sonst motiviert losstürmt, ohne den Weg zu beachten und dabei umliegende kleinere Pilze umgehend zurück in die Erde stampft – dorthin, wo sie hergekommen sind.

Das unterirdische, oft weitläufig verbreitete Pilzmyzel bringt meist mehrere Fruchtkörper in unmittelbarer Nähe hervor. Wer sich zu zweit oder in größeren Gruppen auf die Suche begibt, sollte zudem achtsamen Schrittes unterwegs sein. Die Bodenverdichtung durch Menschen, die sich länger an einer Stelle aufhalten, ist ein Feind der Pilze. Genauso wenig zu unterschätzen: der Abrieb durch Herumtrampeln, welcher vor allem im steilen Gelände zerstörerisch wirken kann.

4) Übung macht den Pilzmeister: Halte immer Ausschau nach vielversprechenden Fundstellen!

Hier zählt der Blick fürs Detail. Jeder Pilzstandort hat seine eigenen kleinen Verstecke und Stellen, an denen man genauer hinschauen sollte. Als besonders vielversprechend haben sich meiner Erfahrung nach folgende Mikrostandorte erwiesen:

- Moosige Plätze: Sie speichern Feuchtigkeit und bringen auch in trockeneren Zeiten Pilze hervor.

- Zonen um Laubbäume mit bodennahen Ästen: Hier lohnt es sich, den einen oder anderen Ast anzuheben. Die nächste Überraschung wartet nur darauf, von dir entdeckt zu werden!

- Umgestürzte Baumkronen: Sie lassen in der abgefallenen Laub- oder Streumasse zwischen den Ästen so manchen Pilzriesen unbeachtet heranwachsen. Ob der Laubhaufen ein spannendes Geheimnis birgt? Stöbern lohnt sich.

- Inseln im hohen Gras: Gerade in Gebieten mit lichten Nadelwaldbeständen wuchert im Unterwuchs gern hüfthohes, üppiges Gras, das hie und da von nicht bewachsenen Fleckchen durchlöchert ist. An solchen Stellen habe ich mehrfach riesige Hexenringe von Pilzen (oft Pfifferlinge) entdeckt.

So sehen vielversprechende und weniger geeignete Pilzstandorte aus:

↑ Auf den ersten Blick wenig einladende Buchengebüsche bergen eines der spannendsten Pilzgeheimnisse überhaupt! Wer sich aufmacht, den unwegsamsten aller Pilzstandorte zu durchsuchen, muss gewarnt sein: Du wirst an Dornen hängen bleiben, dich aufkratzen, teilweise nur auf allen Vieren vorankommen – aber die Mühe lohnt sich. In solchen Gebüschen habe ich schon einmal hunderte Steinpilze direkt nebeneinander gefunden und konnte oftmals meinen Augen nicht trauen! Junge Buchenwälder können wahre Brutstätten für Pilze sein und echte Massenvorkommen hervorbringen. Ein echter Geheimtipp für jede Herbstsuche.

Deutlich geringere Erfolgsaussichten hat man meiner Erfahrung nach in von Gräsern bedeckten (Buchen-)Wäldern. An ihnen kann man ohne schlechtes Gewissen vorbeiziehen. Denn: Selbst wenn dort Pilze wachsen, sind sie im hohen Gras bis zur Unkenntlichkeit getarnt. ↓

↑ Derselbe Buchenwald mit völlig anderem Untergrund und wesentlich besseren Erfolgschancen. Nach solchen Waldabschnitten mit einer Mischung aus alten Mutterbäumen, jungen Nachkömmlingen, kleinen Gebüschen und offenen Waldböden solltest du immer Ausschau halten – sie versprechen reiche Pilzfunde!

↑ Ein vielversprechendes Waldstück in einem Nadelmischwald: Am Waldboden findet sich ein Mosaik aus offenen und bewachsenen Stellen, umgestürzten Bäumen und Nadelansammlungen. Jippie! Dieses Plätzchen bietet unterschiedlichen Pilzarten potenziellen Lebensraum und sollte von uns genauer untersucht werden.

↑ In Nadelwäldern ist die Beurteilung etwas schwieriger, da optisch scheinbar ähnliche Plätze voll mit oder völlig frei von Pilzen sein können. Hier musst du geeignete Stellen suchen und diese fürs nächste Mal dokumentieren (Seite 64).

Augen auf: die richtige Blicktechnik

Ein japanisches Sprichwort besagt:

„Wer satt werden will, muss seine Sinne wachhalten. Nur dann kann man die Welt spüren!"

Umgemünzt auf uns Pilzsucher: Gehe aufmerksam durch den Wald, dann wird sich dir die Welt der Pilze offenbaren!

Wie hält man richtig Ausschau nach Pilzen? Deinen Blick kannst du gut trainieren. Hier stelle ich dir drei Blickmuster vor, die du unbedingt kombiniert bzw. abwechselnd anwenden solltest – und schon bist du den Pilzen auf der Spur.

Hast du schon den vollen Durchblick?

1) Der Röntgenblick

... umfasst die unmittelbare Zone vor den eigenen Füßen, die gerade noch im Blickfeld erkennbar sind und reicht rund 1 m voraus. Halte in diesem „Modus" vor allem nach schwer erkennbaren kleinen Pilzarten in dicht bewachsenen Waldstücken Ausschau. Hierbei handelt es sich um die anstrengendste Blicktechnik, da einen die Konzentration auf Kleinigkeiten mit der Zeit anstrengt.

Diese Blicktechnik eignet sich insbesondere für die Suche nach Totentrompeten (Seite 120), Steinpilzen im hohen Gras (Seite 92) und Morcheln (Seite 82).

2) Der Rundumblick

... ist meiner Meinung nach die häufigste Blicktechnik und umfasst den Bereich von 1 bis ungefähr 4 m nach vorn sowie nach rechts und links. Auch ein Blick zurück, hinter Bäume, Sträucher etc. lässt das Finderherz manchmal höherschlagen. Mit schweifendem Blick erkennt man nahegelegene Pilze und Pilzgruppen und vermeidet, an schönen Funden einfach vorbeizugehen.

3) Der Weitblick

... ist wichtig, um auf der richtigen „Spur" zu bleiben, also die weitere Route festzulegen. Gut sichtbare Pilzstellen wie beispielsweise Pfifferlingsfamilien, welche dir mitunter meterweit entgegenleuchten, große Steinpilzhüte oder eine imposante Krause Glucke entdeckst du so bereits von Weitem. Trau deinen Augen ruhig etwas mehr zu und lass den Blick zwischendurch in die Ferne schweifen!

Was mit der richtigen Blicktechnik einhergeht: die richtige Gehgeschwindigkeit in aussichtsreichen Gebieten. Wer eine heiße Spur verfolgt, sollte sich höchstens in Schrittgeschwindigkeit fortbewegen. Besser noch: durch den Wald schleichen – womit wir wieder beim Thema Detektiv sind. Gerade als Anfänger braucht man ein bisschen Zeit, um die Augen an das Suchen zu gewöhnen. Unzählige Male habe ich beobachtet, wie Leute an den schönsten Pilzen im wahrsten Sinne des Wortes vorbeigerannt sind – zu meiner Freude, unter uns gesagt. Ich nehme mir lieber genügend Zeit oder suche nur eine kleinere Fläche und diese dafür gründlich ab!

SEI LIEB ZUM WALD: VERANTWORTUNGSVOLLER UMGANG MIT DER NATUR

Wie kannst du sammeln, ohne der Natur zu schaden? Menschliche Einflüsse sowie der Klimawandel stellen viele Pilzarten vor massive Herausforderungen und haben in den letzten Jahrzehnten zu deutlichen Bestandsrückgängen geführt (Seite 42). Daher ist es besonders wichtig, einige grundlegende Dinge beim Pilzesuchen zu beachten – damit wir diese Problematik durch unsere Suche nicht noch weiter verschärfen. Werfen wir nun einen Blick auf gängige Fehler und schauen uns an, wie man es besser machen könnte. Letztendlich wollen wir uns alle an der Vielfalt des Pilzuniversums erfreuen und dieses Vergnügen auch den nachkommenden Generationen ermöglichen!

1. Leider gar nicht umwerfend: Viele Pilzsucher stoßen bei ihren Suchgängen bewusst nicht genießbare Pilzarten um. Die Gründe dafür können unterschiedlich sein: Manche wollen das Revier markieren, nachfolgenden Suchern signalisieren, dass es hier nichts zu suchen gibt, oder Giftpilze beseitigen, damit sie andere nicht mitnehmen. Ungeachtet der Beweggründe ist das Resultat immer dasselbe: eine Verarmung des Pilzvorkommens und eine Beeinträchtigung der ökologisch wichtigen Pilzfunktionen. Hinzu kommt, dass diese Vorgehensweise anderen Pilzsuchern den tollen Eindruck der Pilzvielfalt und damit einen Teil des Erlebnisses nimmt. Deshalb ist es wichtig, dass wir alle auf diese zerbrechlichen Lebewesen bewusst Rücksicht nehmen!

Halte dich an ein paar Regeln und genieße den Wald mit all seinen Facetten.

2. Lass die Kleinen im Wald: Kleine und unterentwickelte Pilze treten oft zuhauf an einem Plätzchen auf. Gerade bei wenig erfolgreichen Suchgängen oder zu Beginn der jeweiligen Pilzsaison übt jeder neu entdeckte Winzling eine magische Anziehungskraft aus. Die Ernüchterung folgt meist rasch: Obwohl man zahlenmäßig viel gefunden hat, ist etwas schiefgelaufen. Daher ist es sinnvoll, nur Pilze mit einer entsprechenden Größe zu sammeln. Erstens hat man selbst nichts davon, da man mit solchen Pilzen nichts Sinnvolles in der Küche anfangen kann. Zweitens nimmt man anderen die Chance, dieselben Pilze in ein paar Tagen in ihrer vollen Pracht zu finden. Und man hindert den Pilz selbst daran, sich durch Sporen zu vermehren.

Wenn dir ein kleiner Pilz unterkommt und im Hinterkopf die Frage laut wird mitnehmen oder nicht, ist die beste Antwort: lieber nicht. Halte lieber nach seinen größeren Geschwistern Ausschau oder bedecke den Sprössling mit Laub und komm in ein paar Tagen wieder.

3. Müll? Bitte nicht liegenlassen: Um Hinterlassenschaften im Wald zu vermeiden, kannst du aktiv vorbeugen, indem du einfach nicht zu viel Ausrüstung mitnimmst (Seite 58). So tust du auch dir selbst einen Gefallen, weil du nicht so viel schleppen musst. Für alle anfallenden Altlasten gilt: Bitte nichts in der Natur zurücklassen. Immer wieder findet man Bierdosen, Plastikflaschen oder sogar Glasflaschen, die für alle Waldbesucher und -bewohner eine Gefahr darstellen, bis hin zu diversen anderen Verpackungsmaterialien, die von der Natur über Jahrhunderte nicht abgebaut werden können. Dass man seinen Müll wieder mit nach Hause nimmt und dort entsorgt – und andere, sagen wir „natürliche" Hinterlassenschaften bedeckt bzw. vergräbt – gehört zum guten Benehmen in der Natur und wird leider allzu oft missachtet.

Weniger ist mehr – das gilt auch für das Sammeln

Welcher Sammler kennt das nicht? An erfolgreichen Suchtagen verfällt man in einen regelrechten Pilzrausch. Kaum hat man ein schönes Exemplar gefunden, lachen einem schon die nächsten entgegen. Dieses Spektakel endet erst, wenn man entweder alle Säcke bzw. Körbe gefüllt oder im Extremfall alle entbehrlichen Kleidungsstücke ausgezogen und ebenfalls mit Pilzen befüllt hat! Zuhause landet dann oftmals nur ein schmutziger, im schlimmsten Fall teils matschiger Haufen, der wahnsinnig viel Putzaufwand erfordert und sogar teilweise entsorgt werden muss.

Deshalb entschied ich mich vor Jahren – entgegen allen natürlichen Trieben eines Pilzsammlers – von meinen Suchgängen nur wenige schöne Exemplare mitzunehmen und diese umgehend zu verarbeiten. Was dabei als schön empfunden wird, liegt natürlich im Auge des Betrachters. Aber: Ein Tipp, den ich dir wirklich ans Herz legen möchte, ist folgender:

Jedes Mal wieder versuche ich, meine Mitsucher von der gleichen vernünftigen Taktik zu überzeugen. Und jedes Mal wieder landen – vor allem zu Beginn der Suche – schwammige, stark madige oder kurz gesagt einfach alle möglichen Exemplare in ihren Taschen. Dieses psychologische Phänomen lässt sich mit dem sogenannten Edelweißproblem erklären. Das beschreibt dieses spezielle Bedürfnis, alles mitnehmen zu wollen, im Sinne von: Wenn ich dieses Exemplar nicht mitnehme, schnappt es sich ohnehin der Nächste, also kann ich es doch gleich selbst pflücken. Dies führt letztendlich dazu, dass jeder alles nimmt, ohne Rücksicht auf Sinnhaftigkeit, Mitsucher und Umwelt.

Also: Nimm nur ausreichende Mengen für deinen eigenen tatsächlichen Bedarf mit. Lieber öfters auf die Suche gehen und regelmäßig die Freuden des Findens genießen.

Am besten überlegst du dir schon im Vorfeld, wie viel Platz in deinem Kühlschrank ist und wie viel Zeit du überhaupt für die Verarbeitung hast. Alt gewordene Pilze können sehr unangenehm riechen und werden rasch von Maden zersetzt – was einen matschigen Brei im Kühlschrank hinterlässt. Abgesehen von dem Aufwand, den man sich erspart, bringt dieses Suchverhalten allen Waldbesuchern und Bewohnern Vorteile. Erstens: Nachfolgende Sucher können sich auch noch über Funde freuen. Und: Der Natur bleiben mehr ausgewachsene, sporenverteilende Exemplare erhalten, was den allgemeinen Bestand fördert.

Denk also immer daran: Nachhaltiges Sammeln – nachhaltige Freude!

Was die Forstwirtschaft für das Pilzvorkommen bedeutet

Nicht nur die Klimabedingungen haben das Pilzvorkommen in den letzten Jahrzehnten nachhaltig verändert. Auch die intensive Forstwirtschaft sorgt für Einschnitte im Leben der Pilze. Was bedeutet das für uns Pilzsammler?

Jeder hat Plätze, an denen er besonders gern sucht: weil dort viele Arten wachsen, große Funde möglich sind, das Gelände einfach zugänglich oder landschaftlich besonders attraktiv ist. Aber: Dieses Vergnügen ist oftmals zeitlich begrenzt. Die üppigen Wälder Mitteleuropas sind in erster Linie eines – Nutzwälder. Junge Bestände werden in Form von Einzelstammentnahmen für ein besseres Baumwachstum bearbeitet, was für uns Pilzsucher dieses Gebiet oft unzugänglich bzw. unattraktiv macht. Ältere Baumbestände, die sich bis zu 100 Jahre unberührt entwickeln konnten und meist die besten Pilzstandorte darstellen, werden bei entsprechender Größe und Qualität komplett entnommen und im Anschluss neu aufgeforstet. Solche Abschnitte sind über Jahrzehnte hinweg als Suchgebiete unbrauchbar. Hinzu kommt, dass auch unbearbeitete Waldgebiete manchmal ohne ersichtlichen Grund immer weniger und mitunter gar keine Speisepilze mehr hervorbringen.

Also: Seid immer auf der Suche nach neuen Pilzplätzen! Weckt euren Entdeckergeist, verlasst die altbekannten Wege und macht euch auf die Suche nach unberührten Suchgebieten. Die sind oft gar nicht so weit entfernt. Das Gefühl, einen neuen Platz zu finden, an dem man ungestört suchen kann, ist wirklich unvergleichlich – Indiana Jones lässt grüßen!

Mach dich auf, lerne verschiedene Standorte mit unterschiedlichen Höhenlagen, abwechselnden Bodenverhältnissen und Baumbeständen kennen und bleib den Pilzen auf der Spur! Wer auch abseits des ausgetretenen Pfades und auch abseits seiner gewohnten Suchgebiete nach den bunten Wesen jagt, wird mit mehr Pilzarten, mehr Genüssen und Erlebnissen belohnt. Deshalb: Bleib bei deinem nächsten Ausflug einfach einmal in einem unbekannten Waldstück stehen und versuch dein Glück!

Die Top 5 Tipps für eine erfolgreiche Pilzjagd

1

Schau genau hin, welche Pilzvielfalt eigentlich in den verschiedensten Umgebungen wächst! Der Farben- und Formenreichtum der Pilzwelt ist schier unerschöpflich, erschließt sich aber oft erst auf den zweiten Blick.

2

Sei neugierig und offen für neue Pilzsorten abseits von Steinpilz und Pfifferling! Ebenso für neue Fundgebiete – bleib hartnäckig und du wirst positiv überrascht werden!

3

Achte immer auf eine eindeutige Bestimmung. Pilzauskunftsstellen geben gern kompetenten Rat. Genaue Eigenrecherchen sind ebenso entscheidend, um Risiken vorzubeugen.

4

Trotz ihrer Unscheinbarkeit spielen Pilze eine tragende Rolle im Ökosystem Wald. Daher sollten wir mit unseren kleinen Freunden möglichst rücksichtsvoll und behutsam umgehen.

5

Genieße das Erlebnis Pilzsuche mit all ihren Facetten und erfreu dich an Köstlichkeiten zu jeder Jahreszeit!

Die Pilzsuche kann beginnen.
Freu dich auf Waldabenteuer
und Sammelerlebnisse!

Die bunten Waldbewohner im Portrait: Ein Jahreskalender voller Pilze

Die Pilzsaison hat begonnen! In unseren heimischen Wäldern findest du zu jeder Jahreszeit überraschende, köstliche Pilze, die unterschiedlicher nicht sein könnten. Die Vielfalt ist geradezu überwältigend. Da fällt es schwer, sich zu entscheiden, welchen Pilzen man am liebsten nachstellen möchte. Trotzdem stehen auf den Suchzetteln der meisten von uns nur wenige Arten. Damit ist jetzt Schluss! Hier stelle ich dir rund 40 meiner Lieblingspilze vor, die nur darauf warten, von dir entdeckt zu werden. Bist du bereit für das große Pilzabenteuer?

Die folgenden Pilze sind für Pilzeinsteiger gut zu identifizieren, bieten aber auch für erfahrene Sammler noch Überraschungen. Klingt toll, nicht? Das Beste: Sie finden sich auch tatsächlich in brauchbaren Mengen in Wald und Wiese. So kannst du das ganze Jahr über Pilze in deinen Speiseplan integrieren. Aber nicht nur das: Hier tummeln sich auch Vitalpilze, denen gesundheitsfördernde Wirkungen attestiert werden, sowie einige ungewöhnliche oder besonders seltene Arten, die du lieber nur vor Ort bestaunst und nicht einsammelst.

Die Anzahl ist im Vergleich zu anderen Pilzbüchern bewusst überschaubar gehalten, um Einsteigern und angehenden Pilzexperten gängige und kulinarisch wertvolle Pilzarten genauer vorzustellen. So soll bei der Suche schneller ein Gefühl der Sicherheit entstehen. Meiner Meinung nach ist es besser, wenige Arten wirklich gut zu kennen, als viele verschiedene nur oberflächlich. Zudem ist die Anzahl an wirklich guten Speisepilzen ohnehin begrenzt. Alle Highlights findest du auf den folgenden Seiten, es wird keine Köstlichkeit ausgelassen!

Was dich erwartet? Jede Menge unvergessliche Pilzerlebnisse. Du stehst vor einer Reise, die dich in Auenlandschaften, an steile Berghänge und scheinbar endlose, vor saftigem Grün strotzende Urwäldchen führen wird. Plus: Du wirst dafür belohnt werden. Einige der hier vorgestellten Pilze wie beispielswei-

Ein reichhaltiges Pilzbuffet – hier ist für jeden Geschmack etwas dabei!

se der Kaiserling (Seite 110), der Purpurleistling (Seite 116) oder der Amethyst-Pfifferling (Seite 113) sind wahre Raritäten und nur von echten Glückspilzen zu finden – umso größer ist die Freude, wenn man sie endlich entdeckt!

Damit du dich bei den einzelnen Pilzen gleich zurechtfindest: Auf der ersten Seite erwartet dich jeweils ein kleiner Steckbrief, in dem die wichtigsten Infos wie Lebensweise, Wachstumszeitraum und Hinweise zum Standort kurz und knackig zusammengefasst sind. Wie du weißt, gibt es hierbei keine Garantie. Gerade die Zeitangaben unterscheiden sich je nach Baumbestand, Region und Jahr. Aber: So erhältst du einen Überblick, wann und wo du mit den Pilzen rechnen kannst. Es soll ja spannend bleiben! Im Anschluss folgen detaillierte Beschreibungen zum jeweiligen Pilz. Du erfährst, was ihn besonders macht, worauf du bei ihm achten musst, wie du ihn am besten verarbeiten kannst. Bei Pilzen mit Verwechslungsrisiko findest du außerdem genaue Infos zu ihren ungenießbaren Doppelgängern.

Ein weiterer hilfreicher Suchtipp, um Leergänge zu vermeiden: Für genaue Infos dazu, ob sich der Pilz in deiner Region finden lässt, lohnt sich eine kurze Internetsuche vorab auf den Portalen der mykologischen Gesellschaften (Seite 176).

Damit du genauer einschätzen kannst, wann deine Lieblingspilze aus Waldboden und Baumstamm sprießen, sind die Jahreszeiten noch weiter unterteilt.

Monat	Einteilung	Jahreszeit
März	Vorfrühling	
April	Erstfrühling	Frühling
Mai	Vollfrühling	
Juni	Frühsommer	
Juli	Hochsommer	Sommer
August	Spätsommer	
Anfang September	Frühherbst	
Ende September	Vollherbst	Herbst
Oktober	Spätherbst	
November	Frühwinter	Winter
Dezember, Januar, Februar	Vollwinter	

Pause einlegen und Pilze begutachten – das gehört zu jeder Sammeltour dazu. Klar: Nimm nur mit, was du eindeutig bestimmen kannst. In den folgenden Portraits lernst du die Sorten genau kennen!

DIE RUHE VOR DEM STURM – DER PILZFRÜHLING

Monat	Einteilung	Jahreszeit
März	Vorfrühling	
April	Erstfrühling	Frühling
Mai	Vollfrühling	

Für ambitionierte Pilzsucher ist die Zeitspanne, in der die Natur langsam aus ihrem Tiefschlaf erwacht und die ersten Frühjahrsboten erblühen, oftmals – sagen wir – ein bisschen ernüchternd. Vor allem die Zeit des ausgehenden Winters mit Februar, März und April wirkt nicht sehr vielversprechend, wenn es darum geht, unsere kleinen Freunde aufzuspüren. Aber keine Sorge: Solange du weißt, wo und nach welchen Arten du suchen musst – und akzeptierst, dass die Pilzkörbe in dieser Jahreszeit etwas spärlicher gefüllt sein werden – bietet auch der Frühling die Möglichkeit, gezielt auf Pilzjagd zu gehen!

Um das gesamte Spektrum der Frühlingspilze kennenzulernen, musst du allerdings verschiedenste Standorte aufsuchen. Wie auch im Winter bieten Nadelwälder in dieser Zeit keine günstigen Bedingungen. Was wir suchen, versteckt sich vielmehr in Auwäldern, alten Streuobstwiesen und neben kleinen Bachläufen. Der Österreichische Prachtbecherling (Seite 80) und die Speisemorchel (Seite 82) machen im März den Anfang, spätestens ab Mai beginnt sich das Pilzleben dann wieder so richtig zu regen.

In dieser Zeitspanne entscheidet sich außerdem das Schicksal vieler weiterer Pilze in diesem Jahr. Die Myzelien der Sommer- und Herbstpilze beginnen sich in dieser Zeit unterirdisch zu entwickeln und die späteren Fruchtkörper auszubilden (Seite 27). Insbesondere das Wetter spielt dabei eine große Rolle und kann einen gesamten Saisonverlauf mitbestimmen. Feuchtigkeit und milde Temperaturen fördern das Pilzwachstum, während anhaltende Trockenperioden großen Schaden anrichten können (Seite 54).

Mit Ende Mai, Anfang Juni ist dann wieder Vorsicht geboten: Es grassiert das Pilzfieber! Ab diesem Zeitpunkt fühlen sich immer mehr Pilze durch feucht-schwüle Bedingungen mit gleichzeitig noch nicht allzu heißen Temperaturen dazu angeregt, sich aus ihrem Versteck zu wagen.

Im Frühling müssen wir Pilzsucher uns meist an anderen Dingen erfreuen, wie den ersten Wildorchideen (Knabenkraut) …

... oder uns mit Kräutersammeln (hier der erste frische Waldmeister) ablenken ...

...und definitiv geduldig sein, bis Pilze wie der Flockenstielige Hexenröhrling (Seite 88) den üppigen Saisonbeginn gegen Ende Mai einläuten. Aber auch schon vorher gibt es einige Köstlichkeiten zu entdecken.

Der Österreichische oder Rote Prachtbecherling

Der Rubin am Wegesrand

Ein toller Überraschungsfund in unmittelbarer Bachnähe.

LATEINISCHER NAME: *Sarcoscypha austriaca/coccinea*	HIER VERSTECKE ICH MICH: scheinbar im Boden, aber bei näherer Betrachtung wachse ich immer an unterirdischen, versteckten Ästen; an feuchten und basischen Waldstellen/Gebieten; gerne auch an Rändern von Forststraßen ICH WACHSE: im März, manchmal schon ab Februar, weniger gern bei Trockenheit
MICH KENNT MAN AUCH ALS: : Kelchbecherling	
MEINE FAMILIE: *Sarcoscyphaceae*	
MEINE LEBENSWEISE: Saprobiont	

DAS SOLLTEST DU ÜBER MICH WISSEN:

Ich gehöre zur arten- und farbenreichen Gruppe der Becherlinge und erblicke schon im Frühjahr das Licht der Welt. Ich bevorzuge anhaltend feuchte Wuchsorte, weshalb du mich vorzugsweise entlang von kleinen Bächen oder in Augebieten antriffst. Trotz meiner auffälligen Farbe kann ich mich gut getarnt den scharfen Blicken der Pilzsammler entziehen, da ich gern von allerlei Laub verdeckt werde und in moosigen Gebieten mit den Blättern junger Frühjahrspflanzen Verstecken spiele.

DARAN ERKENNST DU MICH:

Hervorstechendstes Merkmal ist meine leuchtend rote Farbe. Mein Fruchtkörper bildet sich zur namensgebenden becherartigen Form aus. Mein Fleisch ist dünn und besitzt eine weiße bis gelbliche Farbe.

MIT DIESEN PILZEN SOLLTEST DU MICH BESSER NICHT VERWECHSELN:

Die genaue Artbestimmung ist nur im Labor unter dem Mikroskop möglich. Da aber alle Vertreter der Kelchbecherlingsverwandten, essbar und optisch nicht unterscheidbar sind, kann man mit ruhigem Gewissen nach roten Stellen am Waldboden Ausschau halten.

SO SCHMECKE ICH AM BESTEN:

Aus mir kannst du ein wahres Appetithäppchen zaubern: Paniere mich vorsichtig und – schwupps – hast du kleine, knusprige Pilzschüsselchen vor dir. Ein köstlicher Snack, der mit klein geschnittenem Salat und etwas Dressing zu einem optischen und geschmacklichen Erlebnis wird!

SCHON GEWUSST?

Bei mir lohnt sich ein Geruchstest, denn obwohl ich nicht im Entferntesten mit ihm verwandt bin, rieche ich genauso wie ein Steinpilz! Aber Vorsicht: Ich färbe ab, also wundere dich nicht über rote Finger.

Sie wachsen scheinbar gesellig aus dem Boden …

… aber bei genauerer Betrachtung erkennt man, dass sie auf Holz wachsen.

Die Speisemorchel

Der Schatz im Auwald

Junge Speisemorcheln mit kleinem Nachwuchs in der Mitte.

Böhmisches Verpelpaar: Sie sind enge Verwandte, gelten aber als etwas weniger schmackhaft als die klassische Speisemorchel.

LATEINISCHER NAME: *Morchella esculenta*	HIER VERSTECKE ICH MICH: vor allem in Auwäldern und umgebenden Wiesen; auf basischen, kalkhaltigen Böden; ich bin sehr standorttreu
MICH KENNT MAN AUCH ALS: : Rundmorchel	IN MEINER NÄHE FINDEST DU: Bärlauch, Schuppenwurz, Schneeglöckchen, alte Schneckenhäuser und vor allem einen Baum: die Esche
MEINE FAMILIE: *Morchellaceae*	ICH WACHSE: Ende März/Anfang April bis Mitte Mai, stark witterungsabhängig
MEINE LEBENSWEISE: Saprobiont	

DAS SOLLTEST DU ÜBER MICH WISSEN:

Im Frühjahr regt sich bei vielen Sammlern und Gourmets das Pilzfieber – die Morcheln sind los! Mit Ende März bzw. Anfang April wartet mit mir ein wahres Highlight der Pilzwelt darauf, entdeckt zu werden. Heerscharen von Pilzjägern stürmen in nächstgelegene Auwälder, um einen der wertvollsten und schmackhaftesten Pilze überhaupt einzusammeln. Bei kaum einem anderen Pilz werden Fundorte so geheim gehalten wie bei mir. Bin ich doch aufgrund meiner spezifischen Standortansprüche und dem zeitlich stark begrenzten Vorkommen selten. Ich bevorzuge basische Augebiete bzw. Auwälder. Außerdem bin ich scheinbar an das Vorkommen von Eschen gekoppelt – und das, obwohl ich nicht zu den Mykorrhizapilzen gehöre. Diese Tatsache bereitet Morchelfreunden aber inzwischen erhebliches Kopfzerbrechen, da diese Baumart seit einigen Jahren von einem eingeschleppten parasitären Pilz bedroht wird, dem Falschen Weißen Stängelbecherchen *(Hymenoscyphus fraxineus)*. Abseits der Auwälder lässt sich ein Verwandter von mir an teilweise ungewöhnlichen Orten finden: die Spitzmorchel *(Morchella elata)*. So mancher Pilzfreund wird sich schon über erstaunlich schöne Morchelfunde auf den Rindenmulchflächen von Kinderspielplätzen, öffentlichen Parkanlagen oder sogar im eigenen Garten gewundert haben. Auch auf abgebrannten Nadelwaldflächen konnten schon Massenvorkommen der Spitzmorchel entdeckt werden!

DARAN ERKENNST DU MICH:

Ich bin vor allem aufgrund meiner wabenartigen Hutform zu erkennen. Im jungen Stadium besitzt mein Hut eine beige, in späteren Stadien eine hellbraune Färbung. Mein Stamm ist hohl und weißlich gefärbt.

MIT DIESEN PILZEN SOLLTEST DU MICH BESSER NICHT VERWECHSELN:

Aufgrund meiner einzigartigen Form habe ich keine Verwechslungspartner aus anderen Pilzfamilien. Innerhalb meiner eigenen Reihen musst du jedoch etwas vorsichtiger sein: die Frühjahrslorchel *(Gyromitra esculenta)* und weitere Lorchelverwandte gelten als stark giftige Pilze. Im Gegensatz zu mir weisen die Lorcheln eine dunkelbraune bis kastanienbraune bzw. rötlich-braune Hutfarbe auf. Ihre Hutform und ist gekennzeichnet von einem gedrungenen, stark verwachsenen Aufbau. Glücklicherweise haben Frühjahrslorcheln andere Standortansprüche, weshalb sie nur selten mit mir gemeinsam auftreten.

Eine giftige Frühjahrslorchel mit dem typisch kastanienbraunen Hut und der starken Verwachsung.

SO SCHMECKE ICH AM BESTEN:

Bei meiner Zubereitung solltest du auf eine ausreichende Garzeit sowie eine ausreichend hohe Gartemperatur (mind. 80 °C) achten. **In rohem Zustand sind Morcheln ungenießbar und können zu Magen-Darm-Störungen führen.** Abgesehen davon bin ich für viele der beste Speisepilz überhaupt. Ob in pikanten Suppen oder feinen Pilzsaucen, ich schmecke garantiert.

SCHON GEWUSST?

In der Spitzengastronomie bin ich äußerst begehrt – dort wird 1 kg meiner frischen Fruchtkörper mitunter für 100 Euro gehandelt.

Der Maipilz

Ein toller Frühjahrspilz

Maipilze weisen gelegentlich eine leicht lachsartige Färbung auf, meist sind sie jedoch reinweiß.

LATEINISCHER NAME: *Calocybe gambosa*	HIER VERSTECKE ICH MICH: unter Streuobst, auf naturbelassenen Wiesen; wie viele Frühjahrspilze mag ich keine sauren Böden; ich kann sehr standorttreu sein
MICH KENNT MAN AUCH ALS: : Mairitterling, Georgsritterling	ICH WACHSE: von Mitte April bis Anfang Mai
MEINE FAMILIE: *Tricholomataceae*	
MEINE LEBENSWEISE: Saprobiont	

DAS SOLLTEST DU ÜBER MICH WISSEN:

Solange die Bodenverhältnisse stimmen, bin ich in der Wahl meiner Wuchsorte wenig anspruchsvoll. Du findest mich an grasigen Waldrändern, in lichten Laubwäldern oder auf wenig bewirtschafteten Streuobstwiesen. In bodensauren Fichten-, Tannen- und Eichenwäldern wirst du mich dagegen nur selten antreffen. Weil ich in einigen Regionen überhaupt nicht vorkomme, lohnt sich eine Internet-Recherche, um meine Standorte bestimmen zu können (Seite 176).

DARAN ERKENNST DU MICH:

Mein Hut ist matt und weist eine weiße bis gelbliche Färbung auf. Meine Lamellen besitzen eine ähnlich helle Färbung und wachsen dicht gedrängt. Der Stiel ist faserig und besitzt keinen Ring. Ich verströme einen mehligen, manchmal auch als gurkenartig beschriebenen Duft.

MIT DIESEN PILZEN SOLLTEST DU MICH BESSER NICHT VERWECHSELN:

Erstfunde sollten angehende Pilzexperten besser von Sachverständigen eindeutig identifizieren lassen. Ich habe insbesondere drei Verwechslungspartner.

Der Ziegelrote Risspilz *(Inocybe erubescens)* tritt zeitgleich mit mir auf, verströmt aber einen obstartigen Geruch und weist ein sich rötlich verfärbendes Fleisch und einen faserigen Hut auf, der im jungen Stadium aber ähnlich weißlich ist wie meiner und sich erst später ins Gelbbraune färbt.

Der Riesenrötling *(Entoloma sinuatum)* riecht wie ich nach Mehl, wächst aber zumeist erst im August und hat keine weißen, sondern gelbliche Lamellen.

Der Feldtrichterling *(Clitocybe dealbata)* weist herablaufende Lamellen auf, bei mir sind diese hingegen am Stiel angewachsen. Alle drei lassen sich für ungeübte Sucher optisch manchmal nur schwer von mir unterscheiden. Daher solltest du nicht zu voreilig jeden Fund verkochen, sondern bei diesem Pilz auf Nummer sicher gehen.

Zwei wunderbare Maipilze – bei denen ein Geruchstest unbedingt zur Bestimmung dazugehört!

SO SCHMECKE ICH AM BESTEN:

Da wir zeitgleich mit frischem Bärlauch wachsen, bietet sich eine schmackhafte Bärlauch-Maipilz-Cremesuppe an. 250–300 g Pilze mit 1 l Gemüsebrühe aufkochen, 30 Minuten köcheln lassen, einige Bärlauchblätter zugeben und mit dem Pürierstab mixen, danach mit Sahne abschmecken. Fertig ist die ultimative Frühlingssuppe!

SCHON GEWUSST?

Unter dem Stichwort „Maipilze finden mit Google Earth“ findest du im Internet die vielleicht faszinierendste Art überhaupt, Pilze zu suchen. Einen Versuch ist diese Methode auf jeden Fall wert!

Die Champignons

Die beliebtesten Kulturpilze in freier Wildbahn

Eine tolle Gruppe von Wiesenchampignons, die alle Merkmale aufzeigt: junge hellrosa Lamellen, die später sichtlich dunkler werden, ein weißer Stamm und weißes Fleisch.

Altersvergleich verschiedener Champignons: links die jüngeren Exemplare mit rosafarbenen Lamellen, rechts die älteren mit bräunlicher Färbung.

LATEINISCHER NAME:
Agaricus-Arten

UNS KENNT MAN AUCH ALS:
Egerlinge

UNSERE FAMILIE:
Agaricaceae

UNSERE LEBENSWEISE:
Saprobionten

HIER VERSTECKEN WIR UNS:
auf nährstoffreichen Wiesen, in Parks oder an Randzonen

WIR WACHSEN:
zwischen Frühlingsende und Herbst, allerdings lokal sehr unterschiedlich

DAS SOLLTEST DU ÜBER UNS WISSEN:

In freier Wildbahn halten wir uns gern in der Nähe der Zivilisation auf – wir sind eine Art Kulturfolger unter den Pilzen. Wir machen weder vor Wiesen, Parkanlagen noch Gärten halt. So schön wir dort auch wachsen mögen, sammle uns in einem solchen Fall lieber nicht! Durch die Nähe zum Menschen neigen wir dazu, hohe Konzentrationen von Schwermetallen aufzunehmen. Suche uns lieber an zivilisationsfernen Standorten wie Almwiesen oder greife im Zweifelsfall – so sehr das Sucherherz jetzt blutet – auf unsere gezüchteten und garantiert unbelasteten Artgenossen zurück.

DARAN ERKENNST DU UNS:

Unsere Hutfarbe ist meist weiß wie bei den häufig anzutreffenden Wiesenchampignons, kann aber auch ins Braune gehen, beispielsweise beim Waldchampignon. Die Hutoberfläche ist glatt, faserig oder schuppig. Die darunterliegenden Lamellen sind frei mit einer rosa Färbung, die mit fortschreitendem Alter ins Bräunliche übergeht. Um unseren meist weißen Stiel befindet sich ein nicht verschiebbarer Ring, der mitunter aber schon verkümmert sein kann.

MIT DIESEN PILZEN SOLLTEST DU UNS BESSER NICHT VERWECHSELN:

Trotz unserer Bekanntheit sind wir keine Anfängerpilze. Gerade weiße Pilze gelten als heikel, da es einige giftige Arten aus anderen Pilzfamilien gibt. Generell: Sind wir bereits gilbend und riechen nach Anis, lass uns im Wald. Ein möglicher Verwechslungspartner ist der Rosablättrige Egerlingsschirmling (*Leucoagaricus leucothites*), der jung weiße und alt rosa Lamellen hat und bei Verzehr Magenstörungen hervorruft. Ein weiterer Doppelgänger ist der Karbolegerling (*Agaricus xanthodermus*), der karbolartig (tintenartig) riecht und dessen Stielbasis sich gelb verfärbt, wenn sie verletzt wird. Daher: Drehe den gesamten Fruchtkörper heraus und begutachte die Stielbasis, die oftmals eindeutige Bestimmungsmerkmale liefert! Auch mit giftigen Weißen Knollenblätterpilzen (*Amanita verna*, Seite 48) wurden wir schon verwechselt. Diese weisen jedoch immer klar weiße Lamellen sowie eine Art Hülle (Volva) um den Stielansatz auf. Sofern du uns nicht eindeutig bestimmen kannst, lass uns bei Beratungsstellen kontrollieren.

SO SCHMECKEN WIR AM BESTEN:

Aufgrund unserer weltweiten Beliebtheit gibt es unzählige Rezeptideen: von Pfannengerichten, Suppen bis zu unterschiedlichsten Saucen, eingelegt oder paniert. Kurz gesagt: Wir schmecken in jeder Form!

SCHON GEWUSST?

Durch die zufällige Entdeckung eines französischen Gemüsebauern, der sich eines Tages über eine Vielzahl weißer Pilze auf seinen Komposthaufen wunderte, wurde unsere gute Kultivierbarkeit bereits im 17. Jahrhundert entdeckt und bis heute kontinuierlich verbessert. Als Ergebnis findest du unsere gezüchteten Artgenossen heute das ganze Jahr in jedem Supermarktregal.

Der Karbolegerling (Agaricus xanthodermus) lässt sich an der gelben Verfärbung am Stiel im Falle einer Verletzug erkennen.

Der Flockenstielige Hexenröhrling

Der unterschätzte Spitzenpilz

Schon am Nachwuchs kann man die Merkmale gut erkennen: den samtigen dunkelbraunen Hut und den rötlichen Stamm.

LATEINISCHER NAME: *Neoboletus praestigiator*	MEINE LEBENSPARTNER: Buchen oder Rotbuchen, Fichten
MICH KENNT MAN AUCH ALS: : Flocki, Hexenpilz, Donnerpilz	HIER VERSTECKE ICH MICH: in Mischwäldern, auch mit Nadelgehölzen; an Übergangszonen zwischen Laub- und Nadelwäldern
MEINE FAMILIE: *Boletaceae*	ICH WACHSE: im Flachland schon ab Anfang Mai bis Ende Oktober, selten bis in die erste Novemberwoche
MEINE LEBENSWEISE: Mykorrhizapilz	

DAS SOLLTEST DU ÜBER MICH WISSEN:

Auf den ersten Blick mache ich keinen so genießbaren Eindruck: Meine intensiven Signalfarben, mein rot-gelber Stamm mit roten Röhren sowie mein sich rasch blau verfärbendes Fleisch lassen bei vielen Pilzsuchern die Alarmglocken läuten. Es entsteht der Eindruck: „Der schaut aber giftig aus." Aus diesem Grund werde ich relativ selten gesammelt und lieber, trotz unmittelbarer Nähe zu normalen Steinpilzen, stehen gelassen. Tatsächlich handelt es sich bei mir und meinem etwas heller gefärbten Verwandten, dem Netzstieligen Hexenröhrling *(Suillellus luridus)*, um ausgezeichnete Speisepilze. Wir sind dem Steinpilz ebenbürtig! Weil ich so wenig beachtet werde, bin ich oft in großen Mengen zu finden. Ein weiterer Vorteil: Im Gegensatz zu anderen Röhrlingen ist mein Fleisch fester und weniger von Würmern oder Maden befallen. Es lässt sich so ausgezeichnet trocknen! Außerdem bin ich über eine lange Zeitspanne zu finden.

DARAN ERKENNST DU MICH:

Meine Erscheinungsform ähnelt in Größe und Form dem Steinpilz. Meine Hutfärbung ist intensiv dunkelbraun, mein Stamm rötlich mit gelblichem Unterton. Die Röhren weisen eine rote Farbe auf, die mit zunehmendem Alter immer dunkler wird. Mein Fleisch ist gelblich und verfärbt sich an der Luft umgehend blau.

MIT DIESEN PILZEN SOLLTEST DU MICH BESSER NICHT VERWECHSELN:

Die giftigen Satansröhrlinge *(Rubroboletus satanas)* und die Schönfußröhrlinge *(Caloboletus calopus)* sind vorwiegend durch eine klar hellere Hutfärbung und weitere farbliche Unterschiede gekennzeichnet (Seite 97).

SO SCHMECKE ICH AM BESTEN:

Ich kann so wie der Steinpilz verarbeitet werden. In einer deftigen Pilzsauce (Seite 170) schmecke ich fantastisch! Bitte beachte: Roh bin ich unverträglich und muss daher unbedingt immer gründlich durchgegart werden. Zudem sollte man auf die Kombination mit Alkohol verzichten.

SCHON GEWUSST?

Mit meinem langen Erscheinungszeitraum von Anfang Mai bis in den Spätherbst bin ich definitiv der Ausdauersportler unter den Speisepilzen. Man sollte mich immer auf seinem Suchzettel haben.

Fast protzig ragt dieses Prachtexemplar eines Flockenstieligen Hexenröhrlings aus dem Waldboden.

Das gelbe Fleisch färbt sich bei Luftkontakt umgehend ins Blaue.

ENDLICH – DER PILZSOMMER IST DA!

Monat	Einteilung	Jahreszeit
Juni	Frühsommer	
Juli	Hochsommer	Sommer
August	Spätsommer	

Die zahlreichen kleinen Pilzsprösslinge, die langsam gegen Ende Mai den Wald für sich zurückerobern, lassen erahnen, was im Sommer auf uns Pilzsucher zukommt. Alles steht in den Startlöchern. Jeder noch so kleine Ansatz von Pfifferlingen sorgt für Begeisterung, die ersten Steinpilze tauchen auf (und was natürlich nicht fehlen darf: der Preis für den ersten Steinpilz des Jahres wird verliehen, Seite 10). Viel Regen und nicht zu warme Maitage werden herbeigesehnt, um ja einen üppigen Start in die Sommersaison zu ermöglichen.

Zu dieser Zeit gilt es, den Start bloß nicht zu versäumen, denn die erste richtige Pilzwelle von Pfifferlingen, Steinpilzen und Co. ist immer öfter nur von kurzer Dauer. Gerade in tieferliegenden, warmen Gegenden, die meist von Laubwäldern bedeckt sind, muss man den Juni voll auskosten, denn aufgrund der zunehmenden Hitzeperioden in den Monaten Juli und August ist im Hochsommer nur wenig und leider immer öfter gar nichts zu finden. Zumindest in meinen Suchgebieten rund um Wien ist dies oft der Fall. Natürlich: Jedes Jahr unterscheidet sich von dem vorherigen und in jeder Region sind die Bedingungen anders. Achte auf die Zeichen, setze dir deine Detektivbrille auf. Und versuch dein Glück!

Die ersten Pfifferlinge erfreuen uns unter feucht-warmen Bedingungen schon gegen Ende Mai – mögen sie auch noch so klein sein! (Sammeln sollten wir sie hier allerdings noch nicht, siehe Seite 70.)

Erfreulicherweise beginnt nun die ergiebige Zeit der (höher gelegenen) Nadelwälder, obwohl auch in diesem Bereich die Folgen des Klimawandels besonders zu spüren sind. Zunehmende Trockenheit, anhaltende Hitzeperioden und rückgängige Niederschläge ändern auch in (sub-)alpinen Zonen das zeitliche Auftreten von Pilzen. Die Hochphasen werden meiner Meinung nach kürzer, dafür verlängert sich der potenzielle Zeitraum, etwas zu finden. Nach dem besonders warmen Frühling 2018 wurden wir in unserem Suchgebiet auf über 1000 m Seehöhe bereits im Juni – also ein bis eineinhalb Monate früher als üblich – fündig! Du siehst: Die Pilzsuche ist keine exakte Wissenschaft – am besten bleibst du flexibel und achtest einfach stets auf die Wetterverhältnisse.

Stimmen die Bedingungen und du kennst einen guten Platz in einem pilzreichen Nadelwald – Jackpot! Auch wenn die Pilzvorkommen im Nadelwald zeitlich etwas begrenzter sind: Im Sommer und Herbst wartet hier eine wahre Goldgrube auf dich. Wir haben oftmals regelrechte Massenvorkommen von Steinpilzen und Pfifferlingen sowie überhaupt eine überwältigende Artenvielfalt in solchen Wäldern entdeckt.

In diesem Sinne – viel Erfolg! Nutze diese Zeit, um neue Vorräte an getrockneten Pilzen (Seite 157) und Pilzpulver (Seite 160) anzulegen und die kulinarischen Möglichkeiten der Pilzwelt voll auszukosten.

Vor allem in feuchten Nadelwäldern ist der Sommer ein wahres Pilz-Schlaraffenland.

Auch die ersten Sommersteinpilze verstecken sich noch zu Saisonbeginn.

Die Sommersteinpilze und Fichtensteinpilze

Die Objekte unser aller Begierde

Im Frühsommer findet man sehr helle, gesprenkelte Exemplare von Sommersteinpilzen.

Unter trockenen Bedingungen reißt die Hutoberseite manchmal auf – kein Qualitätsverlust.

Ein junger Fichtensteinpilz, an dem sich schon die Schnecken verköstigt haben.

Ein schönes Paar: Junge Exemplare, die sich unter Laub verstecken, lassen sich erst einmal an der Sonne bräunen.

LATEINISCHER NAME:
Boletus reticulatus und *Boletus edulis*

UNS KENNT MAN AUCH ALS:
Herrenpilze, Steinis; es gibt unzählige regional verschiedene Synonyme

UNSERE FAMILIE:
Boletaceae

UNSERE LEBENSWEISE:
Mykorrhizapilz

UNSERE LEBENSPARTNER:
› Sommersteinpilz: bevorzugt Buchen, Eichen
› Fichtensteinpilz: bevorzugt Fichten

HIER VERSTECKEN WIR UNS:
› Sommersteinpilze: vorwiegend in Eichen-, Buchen- und Laubmischwäldern
› Fichtensteinpilze: wenig überraschend in Fichtenwäldern

WIR WACHSEN:
› Sommersteinpilze: in flacheren Lagen ab Ende Mai bis ungefähr Anfang Juli; in trockenen Jahren treten wir im späteren Juli bis August nur vereinzelt auf, kommen erst wieder ab September/Oktober und bleiben manchmal sogar bis in die ersten Novemberwochen hinein
› Fichtensteinpilze: etwas später, vor allem in höheren Lagen (über 1000 m Seehöhe) ab Juli, dann bei ausreichender Feuchtigkeit bis in den Oktober

DAS SOLLTEST DU ÜBER UNS WISSEN:

Kein Pilzbuch, Ratgeber und keine Dokumentation zum Thema Pilze kommt an uns wahrscheinlich meistgesuchten, nicht kultivierbaren Sommer- und Fichtensteinpilzen vorbei. Aufgrund der leichten Erkennbarkeit, unseres guten Geschmacks und nicht zuletzt dank unseres großen zeitlichen und räumlichen Verbreitungsgebietes sind wir die Nummer 1 vieler Pilzsammler. Man trifft uns unter einer Vielfalt von Baumarten: egal ob Nadel- oder Laubbaum. Wenn man Glück hat, findet man uns schon ab Juni und mit etwas Durchhaltevermögen hie und da sogar bis Mitte November. Unser natürliches Verbreitungsgebiet umfasst die gesamte nördliche Hemisphäre und erstreckt sich von den kaum besiedelten Weiten Alaskas bis ins belebte Japan. Die südlichen Grenzen gehen bis Marokko sowie zum nördlichen Rand Mexikos – wir sind einfach wahre Weltenbummler! Mit Hilfe des Menschen schafften wir es bis nach Neuseeland und Südamerika. Spricht man landläufig vom Steinpilz, handelt es sich meistens um Fichtensteinpilze mit dem Fachterminus *Boletus edulis*, was übersetzt „essbarer Röhrling" bedeutet, und um Sommer- bzw. Eichensteinpilze, *Boletus reticulatus*.

DARAN ERKENNST DU UNS:

Wir sind die Könige in unserer Familie der Röhrlinge und zeichnen uns durch helle weiße Stämme mit einem netzartigen Muster, in der Jugend hellen und später grünen Röhren, sowie einen hell- bis dunkelbraunen Hut und weißes Fleisch aus. Auf den ersten Blick sind unsere verschiedenen Arten für den Laien nur schwer zu unterscheiden.

Junger Gallenröhrling (Tylopilus felleus) mit typischen rosa Röhren. Der Querschnitt zeigt die farblichen Unterschiede. Im Zweifelsfall kurz ablecken (siehe unten).

MIT DIESEN PILZEN SOLLTEST DU UNS BESSER NICHT VERWECHSELN:

Einziger Verwechslungspartner ist der Gallenröhrling *(Tylopilus felleus)*, der sich durch hellrosa Röhren zu erkennen gibt. Da gerade junge Exemplare uns sehr ähneln, empfiehlt sich eine Zungenprobe: Dieser Pilz ist überaus bitter. Er gilt als ungenießbar, aber ungiftig. Der Verzehr verursacht häufig Magen-Darm-Beschwerden. Soweit kommt es aber in den meisten Fällen gar nicht: Durch seine Bitterkeit verderben schon geringe Mengen jedes Pilzgericht.

SO SCHMECKEN WIR AM BESTEN:

Die Grillsaison beginnt – also ab mit uns ins Feuer! Wie du ein saftiges Pilzsteak zauberst? Das erfährst du auf Seite 162.

SCHON GEWUSST?

Vor allem der Fichtensteinpilz kann mitunter enorme Ausmaße annehmen und bis zu 2 kg schwer werden, unterarmlange Stiele und tellergroße Köpfe ausbilden. Bei stärkerem Madenbefall sollte man solche eindrucksvollen Exemplare trotzdem besser zurücklassen – aber nicht ohne Beweisfoto!

Die Familie der Röhrlinge

Neben den Steinpilzen haben wir, die Röhrlinge, aber noch einiges mehr zu bieten! Wir möchten uns dir hier also ausgiebig vorstellen. Bist du bereit?

Uns alle kennzeichnet unser schwammartiges, dichtes Gewebe an der Hutunterseite – die Röhren. Kennst du dich einmal in unserer großen Familie aus, wird kaum eine Suche vergehen, bei der du keinen dieser Steinpilzverwandten entdeckst. Die meisten unter uns sind gute Speisepilze – und es gibt kaum bzw. nur leicht giftige Arten in unseren Reihen. Zudem sind wir alle Mykorrhizapilze, daher besonders standorttreu und können Jahr für Jahr am selben Platz wiedergefunden werden.

Die meisten der uns bekannten Speisepilze aus dieser Gattung gehören dabei zur Familie der Dickröhrlingsverwandten *(Boletaceae)* oder jener der Schmierröhrlingsverwandten *(Suillaceae)*. Zur ersten Gruppe zählen Fichten-, Sommer und Kiefernsteinpilz, Königsröhrling, Maronenröhrling, Rotfußröhrling, Hainbuchenröhrling und Rotkappe. Die zweite Familie bringt solche Prachtexemplare wie den Goldröhrling und den Kuhröhrling hervor. Zugehörige der Schmierröhrlingsverwandten weisen eine etwas schmierige Hutoberfläche auf, die manchmal zu leichten Unverträglichkeiten führt. Sie sollten daher bei der ersten Verkostung nur in geringen Mengen genossen werden, damit du siehst, ob du sie auch gut verträgst. Die Huthaut zu entfernen hilft ebenfalls.

Viele von uns werden oft unbeachtet im Wald zurückgelassen. Höchste Zeit, das zu ändern. Blätter dich durch die nächsten Seiten und lern uns kennen!

Kiefernsteinpilz
(Boletus pinophilus)

Du erkennst mich an dem rotbraunen Hut, dem dunkleren Stiel und als Experte am leicht anderen Geruch. Ich werde zunehmend selten, bin einer der ersten Röhrlinge im Mai und bin später dann wieder im Herbst zu finden.

Rotfußröhrling
(Xerocomellus chrysenteron agg.)

Typisch für mich sind die dünnen rötlichen Stiele, gelben Röhren und dunklen Hüte. Achte besonders auf die Hut-unterseite, ich habe oft schimmlige Stellen und darf in diesem Fall nicht mehr verspeist werden.

Maronenröhrling
(Imleria badia)

Ausgewachsene Exemplare von mir sind leicht zu erkennen am braunen Stiel und der Blauverfärbung der Röhren im Falle einer Berührung.

Junger Maronenröhrling: gelblicher Stiel, dunkler Hut

Königsröhrling
(Butyriboletus regius)

Meine Merkmale: intensiv rosa Hut, gelber Stiel, gelbe Röhren und gelbes Fleisch. Ich wachse in Laubmischwäldern, bin sehr selten und sollte daher nur bestaunt und nicht gesammelt werden.

Hainbuchenröhrlinge
(Leccinellum pseudoscabrum)

Eine junge Familie aller Altersklassen versteckt sich im Unterholz. Ich weise einen hell- bis kastanienbraunen Hut auf, wie die anderen Leccinum-Arten dunkle Schüppchen am weißlichen Stiel und ein weiß-gräuliches Fleisch, das sich bei Verletzung schwarz verfärbt.

Rotkappe
(Leccinum aurantiacum agg.*)*

Prachtexemplar einer immer selteneren Rotkappe: ziegelfarbener Hut, weißer Stiel mit den für die Leccinum-Gattung typischen dunklen Schüppchen. Mein Fleisch verfärbt sich nach Anschnitt schwarz.

Goldröhrling
(Suillus grevillei)

Junge Exemplare, die typischerweise eine Art Haut zwischen Stiel und Röhren aufweisen. Im Alter ist im oberen Stammdrittel ein Ring zu erkennen.

Gruppe ausgewachsener Goldröhrlinge. In feuchteren Nadelwäldern und vor allem in der Nähe von Lärchen sehr häufig anzutreffen. Ich habe eine goldene bis orangegelbe Hut- und Stielfarbe. Mein Hut wird bei feuchter Witterung schleimig und lässt sich dann gut abziehen, so bin ich besser verträglich und genießbar (Seite 94).

Kuhröhrling
(Suillus bovinus)

Ich trete mancherorts im Spätherbst unter Kiefern massenhaft auf und habe einen rosafarbenen Hut und Stiel sowie große Röhren.

MIT DIESEN PILZEN SOLLTEST DU UNS BESSER NICHT VERWECHSELN:

Selbst die giftigen Vertreter unserer Familie wie der Schönfußröhrling und der Satanspilz sind – ohne sie verharmlosen zu wollen –, im Vergleich zu Arten wie dem Knollenblätterpilz (Seite 48) deutlich weniger giftig. Auch bei den genießbaren Röhrlingen sollte auf eine ausreichende Garzeit geachtet werden, da beispielsweise der Flockenstielige Hexenröhrling (Seite 88) roh unverträglich ist. Dabei verflüchtigen sich einige Giftstoffe, sodass auch eine Verwechslung meist glimpflich ausgeht. Heftige Magen-Darm-Störungen können in seltenen Fällen auftreten. Um einer Verwechslung vorzubeugen, gilt es, die Merkmale immer im Hinterkopf zu behalten. Schönfußröhrling und Satanspilz weisen beide einen roten Stiel und eine viel hellere Hutfarbe auf und sind so gut von den anderen Röhrlingen zu unterscheiden.

Schönfußröhrling
(Caloboletus calopus)

Typische Merkmale: rötlicher, nach oben hin gelb werdender Stiel, gelbe (!) Röhren und ein gräulicher Hut.

Satanspilz
(Rubroboletus satanas)

Der direkte Vergleich macht die unterschiedlichen Farbtöne erkennbar.

Der deutlich hellere Hut lässt sie gut von essbaren Röhrlingen unterscheiden.

Direkter Vergleich: links ein Hexenröhrling (Seite 88), rechts ein Schönfußröhrling

Der Echte Knoblauchschwindling

Was für ein Aroma!

Ein überaus geselliger Pilz, der gern direkt um Fichten herum wächst.

LATEINISCHER NAME: *Mycetinis scorodonius*	MEIN LIEBLINGSSNACK: üppige Nadelstreu
MICH KENNT MAN AUCH ALS: : Mousseron	HIER VERSTECKE ICH MICH: direkt unter Nadelbäumen, oft am Fuß von Fichten
MEINE FAMILIE: *Marasmiaceae*	AM LIEBSTEN WACHSE ICH: von Sommer bis Herbst je nach Feuchtigkeit und verschwinde schnell, wenn es trocken wird
MEINE LEBENSWEISE: Saprobiont	

DAS SOLLTEST DU ÜBER MICH WISSEN:

So mancher Küchenchef weiß mein intensives Aroma bereits zu schätzen. In gut sortierten Feinkostläden kann man mich getrocknet finden, allerdings nur zu Spitzenpreisen, da ich – wie mein Name schon erahnen lässt – von verschwindender Erscheinung bin. An der Luft getrocknet oder als Pilzpulver bin ich eine echte Bereicherung für das Gewürzregal.

DARAN ERKENNST DU MICH:

Vor allem in Gruppen bin ich gut erkennbar, als einzelne unscheinbare Gestalt im Wald falle ich sonst kaum auf. Ich werde 4–5 cm hoch, wachse auf einem hauchdünnen Stiel, der von unten nach oben heller wird. Mein Hut ist ein bisschen größer als der Fingernagel eines Daumens und schimmert an der Oberseite – im Gegensatz zu meinen Verwandten – blass pink und wird nach außen hin zunehmend weiß.

Neben dem leicht rosafarbenen Hut, der zum Rand hin weiß wird, ist der Farbverlauf des Stiels typisch, der in Hutnähe hell ist und Richtung Basis immer dunkler wird.

MIT DIESEN PILZEN SOLLTEST DU MICH BESSER NICHT VERWECHSELN:

Ich habe einen scharfen, in größeren Mengen genossen giftigen Verwechslungspartner: den Großen Knoblauchschwindling *(Mycetinis prasiosmus)* mit einer sehr ähnlichen Erscheinung. Dieser wächst allerdings doppelt so hoch und weist nicht den typischen rosafarbenen Hut auf, sondern besitzt eine eher sandfarbene bis ockerfarbene Hutoberfläche. Wir beide riechen im Vergleich zu allen anderen Pilzarten mit ähnlicher Erscheinung klar wahrnehmbar nach Knoblauch.
Grundsätzlich solltest du dir vor allem bei kleinen, unscheinbaren Pilzen wie uns sehr sicher sein und im Zweifelsfall eine Beratungsstelle aufsuchen.

Eine duftende Hand voller Geschmack

SO SCHMECKE ICH AM BESTEN:

Getrocknet oder frisch verfeinere ich jedes (Pilz-)Gericht – kleine Mengen reichen schon aus!

SCHON GEWUSST?

Ich gelte als einer der weltweit besten Würzpilze und zähle zu den höchstpreisigen Pilzen überhaupt. Ich übersteige in meinem Wert sogar die Trüffel!

Der Schwefelporling

„Chicken of the Woods"

Ein mehrschichtiger Schwefelporling in voller Pracht

LATEINISCHER NAME: *Laetiporus sulphureus*	HIER VERSTECKE ICH MICH: an noch (!) lebenden Laubgehölzen sowie Totholz; zum Leidwesen einiger Obstbauern auch gern an Fruchtgehölzen ICH WACHSE: bei feucht-warmer Witterung ab Mai bis in den Herbst
MICH KENNT MAN AUCH ALS: : Eierporling	
MEINE FAMILIE: *Polyporaceae*	
MEINE LEBENSWEISE: Parasit und Saprobiont	

DAS SOLLTEST DU ÜBER MICH WISSEN:

Glückwunsch – hast du mich erst einmal gefunden, merk dir meinen Standort, da ich Jahr für Jahr am selben Baum wiederkomme, so lange, bis nichts mehr von ihm übrig ist. Sei trotzdem ein bisschen vorsichtig und wirf einen genauen Blick auf den Baum, den ich gerade befalle: Von Eiben oder Robinien nehme ich die Giftstoffe auf und werde somit unverträglich. Ich bin nur im Jugendstadium genießbar, im Alter kann ich mitunter Verdauungsbeschwerden auslösen. Ansonsten bin ich ein ergiebiger, guter Speisepilz, den sensible Personen besser ein paar Minuten in heißem Wasser abkochen sollten, bevor sie ihn weiterverarbeiten. Das verbessert meine Konsistenz zudem spürbar. Da ich gern ganze Baumstämme befalle und mitunter riesige Ausmaße annehme, werde ich für so manche üppige Mahlzeit sorgen.

Einem solchen alten Baumstamm stattest du am besten nächsten Sommer wieder einen Besuch ab.

Junger Nachwuchs, der mehrmalige Ernten ermöglicht

DARAN ERKENNST DU MICH:

Meine leuchtenden Farben ziehen Sucher schon von Weitem an. Mein intensives Orange geht nach außen hin in ein strahlendes Gelb mit einem klar erkennbaren hellen Randbereich über. Meine Hutunterseite erscheint glatt. Im Alter verliere ich zunehmend meine Farbe, weshalb nur hellgelbe Exemplare entnommen werden sollen. Ein Blick in die Ferne lohnt sich: Meine Leuchtkraft blitzt dir vielleicht schon aus vielen Metern Entfernung entgegen.

MIT DIESEN PILZEN SOLLTEST DU MICH BESSER NICHT VERWECHSELN:

Mit meiner üppigen, intensiv gelben Erscheinung bin ich einfach zu bestimmen. Ich könnte am ehesten mit dem ungenießbaren Leuchtenden Weichporling *(Pycnoporellus fulgens)* verwechselt werden. Dieser erscheint jedoch vorwiegend an Nadelhölzern und weist eine mehr ins Orange gehende Färbung sowie im Alter klar hervortretende Poren an der Hutunterseite auf.

Entlang der gesamten Baumlänge treten neue Fruchtköper hervor.

SO SCHMECKE ICH AM BESTEN:

10 Minuten in Salzwasser gekocht und anschließend paniert, werde ich dich schnell von meinen Vorzügen überzeugen.

SCHON GEWUSST?

Unter allen Pilzen ist meine Konsistenz am ehesten mit der von Fleisch vergleichbar – ich bin definitiv bissfest!

Die Täublinge

Die bunte Zwillingsfamilie des Pilzreichs

Ein Meer aus Täublingen

Frauentäubling (Russula cyanoxantha), der sich wie seine Artgenossen an Wegrändern besonders wohlfühlt

Leicht zu finden: Exemplare im jungen Fichtenwald

Merkmale der Täublinge: geradlinige, dicht gestaffelte Lamellen, die bei Berührung bei den meisten Arten sofort abbrechen; ringloser Stiel

Junge Pfirsichtäublinge (Russula violeipes) im Fichtenwald

Unverkennbar und einer der schönsten, kulinarisch besten Täublinge: der Grüngefelderte Täubling (Russula virescens)

Vorsicht bei hellroten Täublingen mit weißem Stiel: Unter ihnen gibt es einige ungenießbare Arten. Ein Geschmackstest bringt für alle Mutigen Klarheit.

LATEINISCHER NAME: *Russula*-Arten	HIER VERSTECKEN WIR UNS: kaum ein Wald ohne Täublinge; die große Artenvielfalt erlaubt den Bund mit unterschiedlichsten Laub- und Nadelhölzern
UNSERE FAMILIE: *Russulaceae*	WIR WACHSEN: ab Ende Mai in tiefer gelegenen Gebieten, bis Ende Oktober/Anfang November in höheren Lagen
UNSERE LEBENSWEISE: Mykorrhizapilze	

DAS SOLLTEST DU ÜBER UNS WISSEN:

Wir stellen wenige Ansprüche an unseren Wuchsort, sind mit Laub- und Nadelhölzern verpartnert und sowohl im Flachland als auch in höheren Lagen über 1000 m Seehöhe problemlos zu finden. Wie jede Gattung haben auch wir ein paar schwarze Schafe unter uns – diese sind aber hellrot gefärbt und aufgrund ihrer intensiven Schärfe unverträglich. Ansonsten sind die meisten von uns überaus brauchbare Speisepilze. Daher gilt für Anfängerinnen: Finger weg von hellroten Täublingen. Mutige können probieren, ob es scharf wird, indem sie ein kleines Stück vor Ort kosten und abwarten. Wenn nicht, ist der Geschmackstest bestanden und du kannst uns getrost mitnehmen. Wenn doch: Nicht vergessen, die Kostprobe auszuspucken, denn roh sollen Pilze generell nicht verspeist werden.

Wir wachsen gern an Standorten, die von menschlicher Aktivität zeugen. Fast 100 % der hier abgebildeten Täublinge wurden an naturbelassenen Wegrändern, in alten wiederbewachsenen Fahrrinnen von Waldbearbeitungsmaschinen oder direkt an Forststraßen gefunden, wo die Täublinge einfach durch den Schotter gewachsen sind. Was uns sonst noch auszeichnet: Wir sind auch in den trockensten Monaten Juli und August zu finden, während andere Pilze noch auf den nächsten Regen warten.

DARAN ERKENNST DU UNS:

Wir alle sind von schlichter Erscheinung und ähneln uns mit Ausnahme der Farbe sehr. Wir wachsen nicht allzu hoch, besitzen einen runden Hut und sind in allen Farbtönen vorhanden. Wir haben weder eine Knolle noch einen Ring. Unser oft glatter, musterloser, meist weißer (selten rötlicher) Stiel ist weniger schmackhaft als der Rest unserer Fruchtkörper. Er ist sehr leicht aus dem Boden zu entnehmen und im Allgemeinen von spröder Struktur. Auch die Lamellen der meisten unserer Arten sind leicht brüchig. Bei der Verarbeitung wirst du sehen, dass sie schnell zerbröseln.

MIT DIESEN PILZEN SOLLTEST DU UNS BESSER NICHT VERWECHSELN:

Für Pilzanfängerinnen gilt besondere Vorsicht bei grünen Täublingen – diese können auf den ersten Blick mit dem tödlichen und sehr gefürchteten Grünen Knollenblätterpilz *(Amanita phalloides)* verwechselt werden. Daher gilt: Entnimm uns vorsichtig aus dem Boden und kontrolliere den Ansatz. Wir Täublinge wachsen im Gegensatz zum Grünen Knollenblätterpilz nicht aus einer Knolle. Der giftige Doppelgänger hat zusätzlich einen Ring am oberen Stielbereich (der jedoch abfallen kann!). Sofern du diese Punkte genau überprüft hast, kannst du grüne Täublinge genießen.

SO SCHMECKEN WIR AM BESTEN:

Wir sind sehr vielseitig verwendbar, eignen uns gut als Mischpilze für diverse Pfannengerichte. Unser neutraler Geschmack macht uns zur idealen Pilzbeilage für allerlei Gerichte.

SCHON GEWUSST?

Mit über 700 Vertretern sind wir eine der artenreichsten Pilzgattungen in den mitteleuropäischen Wäldern.

Die Stinkmorchel

Knolliger Zauberer mit dem gewissen Geruchsfaktor

Ein Prachtexemplar: Der Gestank lockt zahlreiche Fliegen an, die sich umgehend pudelwohl fühlen.

LATEINISCHER NAME: *Phallus impudicus*	HIER VERSTECKE ICH MICH: in Gebüschen oder Grasflächen, in Laub- und Mischwäldern ICH WACHSE: in den Sommermonaten
MICH KENNT MAN AUCH ALS: : Leichenfinger	
MEINE FAMILIE: *Phallaceae*	
MEINE LEBENSWEISE: Saprobiont	

DAS SOLLTEST DU ÜBER MICH WISSEN:

Wer sich bei einem seiner sommerlichen Streifzüge im Wald über einen seltsamen und nicht gerade angenehmen Geruch wundert, muss wissen, dass hier wieder einmal ein Pilz am Werk ist. Dies verdanken wir mir, einem ungewöhnlichen Zeitgenossen: Der Stinkmorchel.

Wenn dir also ein übler Duft und eine Ansammlung von Fliegen begegnen, mach nicht kehrt! Es lohnt sich, sich in dem Gebiet näher umzusehen, um einen Blick auf mein extravagantes Erscheinungsbild zu erhaschen. Eine weitere Besonderheit: In meinem Anfangsstadium lebe ich als sogenanntes Hexenei. Aus diesem wächst später mein Fruchtkörper heraus. Mein Kopfteil (auch Gleba genannt) beherbergt Millionen Sporen, die nur darauf warten, verbreitet zu werden. Wie? Mein intensiver Duft lockt unzählige Fliegen an, die sich auf mir niederlassen und meine Sporen später in die weite Welt hinaustragen. Eine der gefinkeltesten Verbreitungsarten im gesamten Pilzreich! Genial, oder? Lass dich aber nicht täuschen: Trotz meiner auffälligen Duftnote bin ich gar nicht so leicht zu finden. Ich verstecke mich gern im Unterwuchs.

Du hast es dir wahrscheinlich schon gedacht: Ich bin kein Speisepilz. Aber: In der Traditionellen Chinesischen Medizin gelte ich als Vitalpilz. Und: Das Hexenei ist sehr wohl genießbar und gilt sogar als Delikatesse. Aufgrund der geringen Erfolgsaussichten und der schweren Bestimmung ist davon aber eher abzuraten. Ein faszinierender Waldbewohner bleibe ich aber allemal.

Unter der schleimigen Schicht befindet sich das Hexenei.

Im Querschnitt erkennt man die Ansätze des späteren Pilzes.

SCHON GEWUSST?

Mein etwas schauriger Beiname „Leichenfinger“ gründet in einem Volksglauben. Wenn auf Gräbern oder Grabhügeln Exemplare meiner Art auftauchten, wurde das als Warnung aus dem Jenseits gedeutet. Der darunterliegende Tote sei demnach einem Verbrechen zum Opfer gefallen und melde sich nun mit seinem „stinkenden Finger“, um andere davor zu warnen, ein allzu sündiges Leben zu führen.

Der Rötliche Gallerttrichter

Die Blume am Wegesrand

Die blumige Erscheinung des Gallerttrichters sucht ihresgleichen.

LATEINISCHER NAME: *Guepinia helvelloides*	HIER VERSTECKE ICH MICH: an feuchten Wegrändern, wo ich auf vergrabenen Nadelhölzern wachse ICH WACHSE: stark feuchtigkeitsabhängig von Sommer bis Herbstbeginn
MICH KENNT MAN AUCH ALS: : Fleischroter Gallerttrichter	
MEINE FAMILIE: *Auriculariales*	
MEINE LEBENSWEISE: Saprobiont	

DAS SOLLTEST DU ÜBER MICH WISSEN:

Ich bin ein wenig bekannter, kaum gesuchter Speisepilz. Ich gelte als einer der wenigen roh essbaren Pilze! Wer mich roh verspeist, sollte mich vorher gut waschen, da ich sehr bodennah wachse. Abgesehen davon kann ich wie Judasohren (Seite 144) verarbeitet werden. Man findet mich in höheren Lagen, wo ich scheinbar aus dem Boden wachse. Tatsächlich aber zersetze ich unterirdische Holzreste und sollte vorsichtig, am besten mit dem Messer knapp über dem Ansatz abgeschnitten werden.

DARAN ERKENNST DU MICH:

Trichterförmig wachse ich in vielen bunten Farben empor, deren Spektrum von rötlich über orange bis violett reicht. Ich besitze weder Röhren noch Lamellen, sondern einen fast durchscheinenden, gummiartigen und gewellten Fruchtkörper. Ich wachse gern in kleinen Gruppen und leuchte auffällig an feuchten Wegrändern.

MIT DIESEN PILZEN SOLLTEST DU MICH BESSER NICHT VERWECHSELN:

Aufgrund meiner auffallenden Färbung, meiner unverwechselbaren Form und meiner Wuchsorte bin ich im Allgemeinen nur schwer zu verwechseln.

SO SCHMECKE ICH AM BESTEN:

Als roh genießbarer Pilz kann ich Salate farblich und geschmacklich bereichern. Ausgiebiges Waschen ist dabei Pflicht!

SCHON GEWUSST?

Ich bin auf der gesamten Nordhalbkugel von Amerika bis nach Japan verbreitet und wachse vorwiegend in höheren Lagen. Ich bin also kein Flachländer!

Weder Lamellen noch Leisten und schon gar keine Röhren machen diesen Pilz aus.

Die Boviste

Schneebälle mitten im Sommer

Ein rundes Prachtexemplar, das locker die Größe eines Fußballs erreicht.

LATEINISCHER NAME:
› Zwergbovist *(Bovista pusilla)*
› Riesenbovist *(Calvatia gigantea)*

UNS KENNT MAN AUCH ALS:
Zwergstäublinge bzw. als „Giant Puffball“

UNSERE FAMILIE:
Agaricaceae

UNSERE LEBENSWEISE:
Saprobionten

HIER VERSTECKEN WIR UNS:
gerne auf Streuobstwiesen, Kuhweiden, an Waldrändern

WIR WACHSEN:
ab Juni bis in den Herbst

DAS SOLLTEST DU ÜBER UNS WISSEN:

Wir sind eine ganz und gar außergewöhnliche Erscheinung im Wald. Vor allem unsere Vertreter, die Riesenboviste, machen ihrem Namen alle Ehre. Von ihnen sind schon Exemplare mit einem unfassbaren Gewicht von mehr als 20 kg (!) entdeckt worden. In Nordamerika, wo wir ebenfalls verbreitet sind, wurden unglaubliche Funde dokumentiert, die ohne zu übertreiben jede Vorstellungskraft übersteigen. Unter dem Schlagwort „Giant Puffball", wie wir im Englischen genannt werden, sind im Internet viele beeindruckende Exemplare zu finden. In unseren Breiten freut man sich schon über kleinere meiner Artgenossen sehr, da wir erfahrungsgemäß immer seltener zu finden sind. Weitaus häufiger als wir Riesenboviste kommen unsere kleinen, stoppeligen Verwechslungspartner, die Flaschenstäublinge *(Lycoperdon perlatum)*, vor. Diese weisen eine typische Form mit stachliger Oberfläche auf und können, solange sie innen weiß sind, ebenfalls verspeist werden.

DARAN ERKENNST DU UNS:

Wir sind anhand unserer schneeweißen, kugelförmigen und glatten Erscheinung leicht zu erkennen.

MIT DIESEN PILZEN SOLLTEST DU UNS BESSER NICHT VERWECHSELN:

Einer unserer ungenießbaren Verwandten, der Kartoffelbovist *(Scleroderma citrinum)*, ist durch seine gelbe bis braune Färbung im Inneren von uns schneeweißen Exemplaren zu unterscheiden. Schneide uns zur Kontrolle einfach in der Mitte auseinander. Auch eine Verwechslung mit dem tödlich-giftigen Weißen Knollenblätterpilz (*Amanita verna*, Seite 48), der mir im jungen Stadium ähnelt, aber Lamellenansätze im inneren Bereich aufweist, kann so ausgeschlossen werden. Es gilt: Kugelförmige Pilze immer durchschneiden und auf Lamellenansätze und Färbung kontrollieren.

Im Alter platzt die äußere Haut und zeigt die typische Verfärbung des Fleisches.

SO SCHMECKEN WIR AM BESTEN:

Solange wir festes, gänzlich weißes Fleisch aufweisen, sind wir unwiderstehlich. Mit zunehmendem Alter werden wir weich, innen bräunlich und machen uns bereit, unsere Sporen zu verteilen. Daher solltest du vor unserer Entnahme testen, ob wir fest genug sind. Wenn nicht: Lass uns bitte unbeschädigt in der Natur zurück. Haben wir den Test bestanden, kannst du uns einfach in fingerdicke Scheiben schneiden, kurz anbraten oder panieren – eine Delikatesse!

SCHON GEWUSST?

Wenn euch einzelne Exemplare schon beeindrucken, stellt euch kurz einen ganzen Waldabschnitt voll mit fußballgroßen Bovisten vor. Ganze Autoladungen voller Pilze sind dabei möglich. Solche Funde sind in Nordamerika dokumentiert und per Video festgehalten. Du möchtest eine Kostprobe? Schau hier: https://www.youtube.com/watch?v=OhoVBOKjlFA&has_verified=1

Der Kaiserling

Der inoffizielle König der Pilze

Die Gruppe zeigt alle wesentlichen Merkmale: die weiße Volva, aus der sie wachsen, den orangen Stiel sowie die rot-orangen Farbtöne des Hutes.

LATEINISCHER NAME: *Amanita caesarea*	HIER VERSTECKE ICH MICH: in wärmebegünstigten Laubwäldern mit Eichen, Buchen sowie Esskastanien, seltener in Nadelgehölzen ICH WACHSE: ab dem Sommer bis in den Herbst
MICH KENNT MAN AUCH ALS: : Oranger Wulstling	
MEINE FAMILIE: *Amanitaceae*	
MEINE LEBENSWEISE: Mykorrhizapilz	

DAS SOLLTEST DU ÜBER MICH WISSEN:

Mich, den König der Pilze, musst du kennen, da ich einst der absolute Lieblingspilz ehemaliger Herrschaftshäuser war. Ich wurde nachweislich bereits in der Antike hoch geschätzt, ja fast verehrt, und durfte vom einfachen Fußvolk nicht einmal gepflückt werden. Vor allem im mediterranen Raum bin ich sogar beliebter als der Steinpilz. Zugegeben: In diesen wärmeren Gefilden gefällt es mir auch besser als in den kühleren mitteleuropäischen Regionen. Wer mich also bei seiner Suche entdeckt, kann sich überaus glücklich schätzen, da ich mittlerweile zu den bedrohten Pilzarten zähle. In der Tat bin ich so selten geworden, dass ich dich bitte, dich nur über meinen schönen Anblick zu erfreuen und mich schweren Herzens im Wald zurückzulassen!

Junges Einzelexemplar

Der Fliegenpilz (Amanita muscaria) hat einen eindeutig weißen Stiel und weiße Lamellen.

DARAN ERKENNST DU MICH:

Mein Hut ist orangefarben, die darunterliegenden Lamellen leuchten gelb. Im jungen Stadium bin ich vollkommen von einer weißen Hülle (der Volva) umgeben, aus der ich später herauswachse. Die Hülle bleibt dann nur noch an meinem knollenartigen Stammansatz haften. Oft weise ich einen festsitzenden Ring um meinen faserigen gelben Stiel auf.

MIT DIESEN PILZEN SOLLTEST DU MICH BESSER NICHT VERWECHSELN:

Die Verwandtschaft zu meinem einzigen echten Verwechslungspartner, dem Fliegenpilz *(Amanita muscaria)*, ist nicht zu leugnen. Jedoch sind die Unterscheidungsmerkmale recht eindeutig. Im Gegensatz zum Fliegenpilz weise ich einen gelblich-orangen Stiel sowie die Volva auf. Einen gepunkteten Hut, wie ihn der Fliegenpilz trägt, habe ich nicht.

SO SCHMECKE ICH AM BESTEN:

Ich bleibe durch mein starkes Gefährdungspotential lieber unverkostet!

SCHON GEWUSST?

Dieser Pilz blickt auf eine enge Bindung mit dem Menschen zurück, die bis in die Römerzeit reicht. Man nimmt an, dass er sich vermehrt entlang der alten Römerstraßen angesiedelt hat.

Die Pfifferlinge (Eierschwammerl)

Das gelbe Gold der Wälder

Solche Exemplare leuchten einem bereits aus mehreren Metern Entfernung entgegen, ein Weitblick im Wald lohnt sich.

LATEINISCHER NAME: *Cantharellus cibarius*	HIER VERSTECKEN WIR UNS: verschiedene, optisch kaum zu unterscheidende Arten finden sich in Laubmischwäldern sowie in Nadelmischwäldern WIR WACHSEN: › In reinen Laubwäldern in Flachlagen ab Mai oder Juni; dabei handelt es sich um kleinere Arten als in den Nadelwäldern › In höher gelegenen, nadelwalddominierten Gebieten massenhaft von Juli bis September, manchmal bis in den Oktober
UNS KENNT MAN AUCH ALS: Eierschwämmli, Rehpilz, Dotterpilz uvm.	
UNSERE FAMILIE: *Cantharellaceae*	
UNSERE LEBENSWEISE: Mykorrhizapilze	

Deutlich kleiner im Laubwald und leider von Jahr zu Jahr aufgrund der zunehmenden Trockenheit seltener.

Der Falsche Pfifferling (Hygrophoropsis aurantiaca) ist orange und wächst gerne an alten Baumstümpfen, also auf Totholz.

Dunklere Exemplare sind meist schon zu alt, um mitgenommen zu werden.

DAS SOLLTEST DU ÜBER UNS WISSEN:

Uns kennt jeder noch so unerfahrene Pilzsucher. Über uns wurde bereits vieles erzählt. Da lassen wir lieber in ausführlicheren Worten unseren weniger bekannten Verwandten den Vortritt (ab Seite 118). Dennoch: Wir bilden den Abschluss des Sommerkapitels. Man könnte fast sagen: Last but not least. Denn wir sind mit Sicherheit das Highlight jeder sommerlichen Pilzsuche!

DARAN ERKENNST DU UNS:

Die intensive Gelbfärbung sowie der unverkennbare, angenehme, aromatisch-fruchtige Geruch machen uns Pfifferlinge eindeutig erkennbar. Wir weisen eine blassgelbe bis dottergelbe Farbe auf, unsere Leisten verlaufen aderig am Stiel entlang und unsere Fruchtkörper sind trichterförmig.

MIT DIESEN PILZEN SOLLTEST DU UNS BESSER NICHT VERWECHSELN:

Durch unseren eindeutigen Geruch kommen Verwechslungen grundsätzlich nur selten vor. Der ungenießbare bis unverträgliche Falsche Pfifferling *(Hygrophoropsis aurantiaca)* lässt sich insofern von uns abgrenzen, als dass er deutlich oranger ist, Lamellen statt Leisten sowie häufig einen eingerollten Hutrand aufweist. Ein weiterer Doppelgänger ist der Giftige Ölbaumtrichterling *(Omphalotus olearius)*, der im pannonischen Gebiet, gelegentlich auch in Mitteleuropa und sonst vorwiegend im mediterranen Raum vorkommt.

SO SCHMECKEN WIR AM BESTEN:

Als vegetarische Alternative zum Fleischklassiker geben wir Pfifferlinge ein ebenso ausgezeichnetes Gulasch ab. (Seite 169)

SCHON GEWUSST?

Kennst du schon eine violette Varietät von uns? (siehe unten)

Der Amethyst-Pfifferling

Einer der außergewöhnlichsten Funde im Zuge meiner Recherchen – der Amethyst-Pfifferling (Cantharellus amethysteus).

Aufgrund ihrer Seltenheit sollten sie nicht gesammelt, sondern nur bestaunt werden.

IM PILZ-SCHLARAFFENLAND – ES IST HERBST!

Monat	Einteilung	Jahreszeit
Anfang September	Frühherbst	
Ende September	Vollherbst	Herbst
Oktober	Spätherbst	

Unser Gespür für den Wald verrät uns, wann die Pilze kommen …

Wenn die Hitzetage des Augusts endlich dahinziehen, die Tage spürbar kürzer werden, das Laub allmählich seine Farbe verändert und die Luft in den Wäldern merklich frischer wird, ist der Einzug der wichtigsten Saison für uns Pilzsammler nicht mehr aufzuhalten. Sehnsüchtig warten wir auf Regen – denn wir wissen, was nach ausgiebigen Niederschlägen bald auf uns wartet …

Eingefleischte Sucherinnen stehen schon in den Startlöchern. Unter den Pilzliebhabern wird geflüstert: Wächst schon was? Die ersten Funde im Herbst werden natürlich gern verschwiegen, um in Ruhe allein suchen zu können – ein ungeschriebenes Gesetz unter Pilzjägern. Für alle, die mit dem Pilzesammeln beginnen möchten, ist nun die ideale Zeit, um die umliegenden Wälder besser kennenzulernen. Jetzt findest du die größte Artenvielfalt des Jahres und die Chancen, fündig zu werden, stehen fast bei 100 %. Bis in unsere Vorgärten und Parkanlagen rücken sie vor, um ihre Sporen im Wind zu verteilen. Aber Achtung: Pilze, die nahe an der menschlichen Zivilisation wachsen, solltest du prinzipiell meiden. Hier kann die Schwermetallbelastung deutlich erhöht sein.

In den Laub- und Nadelwäldern, im Flachland oder in höheren Lagen beginnt zu dieser Zeit ein regelrechter Wettlauf verschiedenster Pilzarten. Warme Tage, kühle Nächte, (hoffentlich) ausreichende Niederschläge und eine wohlige Laub- und Streudecke erleichtern den jungen Pilzen das Heranwachsen und sorgen für ein wahres Spektakel am Waldboden. Somit bietet der Herbst das breiteste Angebot, das die Pilzwelt an Köstlichkeiten, Farben, Formen und Kuriositäten zu bieten hat.

Aus phänologischer Sicht unterteilt sich der Herbst in drei Phasen. Der Frühherbst, also Anfang September, ist gerade in höher gelegenen (über 1000 m Seehöhe), von Nadelbäumen dominierten Wäldern, die beste Zeit des Pilzjahres. Gelbe Pfifferlings-Teppiche bedecken ganze Waldhänge, verschiedenste Reizker (Seite 128) sprießen unbemerkt an jeder Ecke, Steinpilze (Seite 92) und ihre Verwandten (Seite 94) , die bereits im Sommer wachsen, finden sich jetzt überall, wohin man auch sieht. In tieferen, von Laubwäldern dominierten Gegenden ist der Frühherbst meist die Zeit des Wartens. Die Hitzetage und die Trockenheit des Sommers stecken noch tief im Waldboden. In dieser Zeit sind Niederschläge im wahrsten Sinne des Wortes lebenswichtig für unsere noch im Boden verbarrikadierten Freunde. Regnet es im September nicht oder nur wenig, verschiebt sich das Pilzaufkommen in den Vollherbst und in besonders trockenen Jahren bis in den Spätherbst.

... und tada! Zur richtigen Zeit am richtigen Ort erwarten dich sensationelle Funde!

... der Duft von Feuchtigkeit, Laub und Frische ist ein eindeutiges Indiz ...

Meine Suchgebiete rund um Wien zählen beispielsweise zu letzteren Gebieten, in denen es erst im Vollherbst so richtig rund geht. Das jährliche Massenaufkommen an Steinpilzen spielt sich also in feuchten Jahren meist in den letzten Septemberwochen ab. Es gilt: Beobachte das Wetter, warte auf die ersten Anzeichen und lass in ungünstigen Jahren nicht den Kopf hängen. Bleib geduldig und wachsam – es ergibt sich immer ein Zeitfenster, innerhalb dessen du die Pilzfreuden voll auskosten kannst!

Der Purpurleistling

Ein Miniaturpokal in Violett

Eine wahre Schönheit der Natur. Manche Einzelstücke können imposante Ausmaße annehmen.

LATEINISCHER NAME: *Gomphus clavatus*	MEINE LEBENSPARTNER:: Nadelbäume wie Fichten oder Tannen, aber auch Rotbuchen
MICH KENNT MAN AUCH ALS: : Schweinsohr	IN MEINER NÄHE FINDEST DU: am Fuß von Bergen, in Nadelwäldern, aber auch in höhergelegenen Mischwäldern; auf basischen, kalkreichen Böden
MEINE FAMILIE: *Gomphaceae*	ICH WACHSE: beginnend mit Ende August bis in den Spätherbst
MEINE LEBENSWEISE: Mykorrhizapilz	

DAS SOLLTEST DU ÜBER MICH WISSEN:

Ich trage landläufig den unschönen Namen „Schweinsohr", bin aber optisch betrachtet eines der Highlights der gesamten Pilzwelt. Ich bilde meine eigene Gattung, die weltweit etwa 20 Arten umfasst. In den Wäldern Europas kommt jedoch nur eine, sehr selten gewordene Art meiner Gattung vor. Ich bin so rar, dass ich in Deutschland als stark gefährdet gelte und auf der Liste der bedrohten Arten stehe. Zählt man zu den Glücklichen, die einen Platz kennen, wo ich gedeihe, sollte man sich dessen bewusst sein. Wer mir begegnet, sollte mich gar nicht oder nur in sehr geringen Mengen sammeln. Also immer einige Exemplare zurücklassen! Mein Vorkommen ist stark dezimiert, da ich mich nur in unbewirtschafteten Bergwäldern wirklich wohlfühle und ansiedle – und davon gibt es immer weniger. Abgelegene Wälder an den Füßen der Tiroler Berge sind hier ein Geheimtipp.

Trotz seines unschönen Rufnamens für mich der schönste Waldpilz überhaupt.

Vertrocknete und dunklere Exemplare lieber zurücklassen, sie riechen schon unangenehm.

DARAN ERKENNST DU MICH:

Meine einzigartige Form erinnert im jungen Stadium an so manchen Pokal: Mein bis zu ca. 10 cm hoher Fruchtkörper wächst keulenförmig in die Höhe und bildet oft eine trichterförmige Ausbuchtung an der Oberseite. Meine seitlichen Leisten (Rillen) sind stark ausgeprägt, glatt bis runzelig und ähneln jenen eines Pfifferlings. Sie bilden nach oben hin leichte bis starke Überlappungen. Nach unten hin wird mein Fruchtkörper dünner. Mein intensives Violett verfärbt sich mit zunehmendem Alter bräunlich. Von mir gibt's auch ockerfarbene Exemplare. Das Fleisch in meinem Inneren weist eine weiße bis beige Farbe auf, ist elastisch und etwas marmoriert.

MIT DIESEN PILZEN SOLLTEST DU MICH BESSER NICHT VERWECHSELN:

Durch meine einzigartige Stellung im Pilzreich gibt es kaum Verwechslungsgefahr. Selten werden junge Exemplare mit der ebenfalls essbaren Abgestutzten Riesenkeule *(Claraviadelphus truncatus)* verwechselt.

SO SCHMECKE ICH AM BESTEN:

Als Ragout mit etwas Rindfleisch: in Öl mitsamt einer Zwiebel angebraten, mit Sahne abgelöscht und dann bei mittlerer Hitze für rund 30 Minuten reduziert. Ein Gedicht!

SCHON GEWUSST?

Einfach magisch: Ich wachse gelegentlich in sogenannten „Hexenringen", also kreisförmigen Pilzansammlungen, die einen Durchmesser von mehreren Metern haben können!

Der Gelbstielige Trompetenpfifferling

Der Bruder des Pfifferlings

Eine malerische Gruppe mitten in einem Heidelbeerfeld.

LATEINISCHER NAME: *Craterellus tubaeformis var. lutescens*	MEINE LEBENSPARTNER: bevorzugt Fichte und Tanne
MICH KENNT MAN AUCH ALS: : Gelbstieliger Leistling	HIER VERSTECKE ICH MICH: in Nadelwäldern, aber auch in feuchten Laubmischwäldern; auf sauren Böden
MEINE FAMILIE: *Cantharellaceae*	ICH WACHSE: meist nicht vor August, dafür bis spät in den Herbst, manchmal sogar in den Winter hinein – nach den ersten Frösten bitte nicht verspeisen, da bin ich nicht mehr genießbar!
MEINE LEBENSWEISE: Mykorrhizapilz	

DAS SOLLTEST DU ÜBER MICH WISSEN:

Auf den ersten Blick übersieht mich der eine oder andere Waldbesucher auf der Suche nach meinen viel bekannteren Verwandten, den Pfifferlingen, meist. Zugegeben: Ich schreie nicht gerade nach Aufmerksamkeit – meine unscheinbare Hutoberseite kann mit dem leuchtenden Gelb der Pfifferlinge nicht mithalten. Es lohnt sich aber, mich umzudrehen: Mein langer, innen hohler Stiel wird im oberen Bereich abrupt von dunklen Leisten abgelöst, die überaus ansehnlich sind. Geschmacklich bin ich, wie alle meine Pfifferlingsgeschwister, vorzüglich. Ich zähle zu den kulinarischen Spitzenpilzen. Wenn mir ein Standort gefällt, komme ich massenhaft vor und bedecke ganze Bodenabschnitte mit meinen büschelig wachsenden Fruchtkörpern. Wer mich nicht kennt, verpasst also etwas!

DARAN ERKENNST DU MICH:

Anhand meines leuchtend gelben und hohlen Stiels in Abgrenzung zu meinen dunkleren Leisten kannst du mich eindeutig erkennen. Ich werde zumeist ca. 5–8 cm groß und rieche leicht fruchtig. Meine Hutoberseite ist gräulich bis ockerfarben. Mein Fleisch ist dünn und weich. Von mir gibt es zahlreiche Variationen. Mein Bruder beispielsweise – der „normale" Trompetenpfifferling – hat einen weniger hellen Stiel, der mehr der Farbe der Hutoberseite entspricht.

MIT DIESEN PILZEN SOLLTEST DU MICH BESSER NICHT VERWECHSELN:

In seltenen Fällen könnte ich mit dem ungenießbaren, sehr seltenen Stinkenden Samtschneckling *(Hodophilus foetens)* verwechselt werden, der allerdings aufgrund seines Gestanks eindeutig ausgeschlossen werden kann.

SO SCHMECKE ICH AM BESTEN:

Gedünstet und mit Paprikapulver und Currypulver gewürzt, ab auf eine Scheibe Brot und fertig ist ein Snack der etwas anderen Art!

SCHON GEWUSST?

Mein unscheinbarer Stiel ist innen hohl, weshalb einer meiner nahen Verwandten auch als „Durchbohrter Leistling" bekannt ist.

Der Duftende Leistling

Hallo, darf ich mich hier auch noch gleich vorstellen? Ich bin der Duftende Leistling *(Craterellus lutescens)*, ein weiterer Pfifferlingsverwandter, komme aber deutlich seltener vor als der Gelbstielige Trompetenpfifferling. Im Gegensatz zu ihm habe ich weniger ausgeprägte, hell graubraune bis creme- oder goldfarbene Leisten, die sich farblich weniger vom Stiel abgrenzen. Ich habe, wie mein Name schon vermuten lässt, einen überaus angenehmen Geruch. Wenn ich noch jung bin, habe ich einen dunkleren Hut mit Fransen auf der Oberseite. Ich suche mir dieselben Lebenspartner wie andere Pfifferlinge aus, bevorzuge jedoch höher gelegene Bergwälder.

Meine Merkmale: unscheinbare helle Leisten, dunkler fransiger Hut.

Die Totentrompete

Das schwarze Schaf unter den Pfifferlingsverwandten

Ausgewachsene Exemplare mit hellgrauem Stiel und typisch dunkler Oberseite

LATEINISCHER NAME: *Craterellus cornucopioides*	MEINE LEBENSPARTNER:: vorwiegend Buchen, darunter insbesondere Rotbuchen
MICH KENNT MAN AUCH ALS: : Herbsttrompete	HIER VERSTECKE ICH MICH: in naturbelassenen älteren Buchen- und Eichenwäldern; auf nährstoffarmen, kalkhaltigen, mäßig basischen Böden
MEINE FAMILIE: *Cantharellaceae*	ICH WACHSE: von September bzw. Oktober bis in den November
MEINE LEBENSWEISE: Mykorrhizapilz	

DAS SOLLTEST DU ÜBER MICH WISSEN:

Auf den ersten Blick ist es vielleicht nicht erkennbar, aber ich zähle ebenfalls zu den Leistlingen und bin so mit den Pfifferlingen verwandt. Wenn das Laub langsam zu fallen beginnt, lohnt sich ein aufmerksamer Streifzug durch Buchenwälder, in denen ich am liebsten vorkomme. Schau genau hin: denn durch meine dunkelgraue bis schwarze Färbung bin ich sehr gut getarnt. Da kann es schon einmal passieren, dass du auf der Suche nach den auffälligeren Steinpilzen, die sich mit mir den Wuchsort teilen, an mir vorbeiläufst. Ich wachse gern büschelweise in ansehnlichen Gruppen, was angesichts meiner zarten Gestalt sehr hilfreich ist, um eine gute Ausbeute zu erzielen. Frisch zubereitet bin ich aufgrund des intensiven würzigen Geschmacks für alle möglichen Suppen, Saucen oder eigenständigen Gerichte eine echte Bereicherung. Findest du mich in ausreichenden Mengen, kannst du mich einfach kleingeschnitten an der Luft trocknen und so langfristig einen Vorrat anlegen. Getrocknet zähle ich übrigens zu den absoluten Pilzspezialitäten und werde nicht selten für über 100 Euro pro kg verkauft. Die Suche nach eigenen Fundorten lohnt sich also gehörig. Trotzdem sollten nur sinnvolle Mengen eingesammelt werden – die Natur bedankt sich!

DARAN ERKENNST DU MICH:

Dank meiner dunklen Färbung und meiner einzigartigen Gestalt bin ich einfach zu erkennen. Mein trichterförmiger Fruchtkörper ist hellgrau bis schwarzbraun. Die überlappende trompetenförmige Wölbung meines Hutes ist wohl mein Namensgeber. Während meine Hutoberseite filzig anmutet, weist mein hohler Stiel eine glatte Oberfläche auf, wobei die Leisten kaum erkennbar sind. Mein Fleisch ist etwas heller als die Außenseite.

Junge Liebe: Diese Mini-Buche ist schon mit einer Totentrompete im Bunde.

Gut erkennbar: die typische trichterartige Form

MIT DIESEN PILZEN SOLLTEST DU MICH BESSER NICHT VERWECHSELN:

Unter frischen Pilzen gibt es keine Verwechslungspartner. Einige ältere, vertrocknete Pilze wie beispielsweise Täublinge können jedoch im Alter ebenfalls schwarz werden und mir ähneln.

SO SCHMECKE ICH AM BESTEN:

Am besten trocknest du und vermahlst mich und verwendest mich anschließend das ganze Jahr hindurch als bombastisches Würzmittel für vielerlei Suppen oder Saucen. (Seite 160)

SCHON GEWUSST?

Ursprünglich bin ich auf der gesamten Nordhalbkugel beheimatet, habe es aber geschafft, mich entlang der australischen Ostküste hie und da zu etablieren.

Die Semmelstoppelpilze

Stachlige Zeitgenossen mit goldenem Herz

Gruppe von Semmelstoppelpilzen (Hydnum rufescens) aus dem Nadelwald

LATEINISCHER NAME: *Hydnum repandum* und *Hydnum rufescens*	UNSERE LEBENSPARTNER: hauptsächlich Rotbuchen oder Fichten, daneben auch Tannen, Eichen und Kiefern HIER VERSTECKEN WIR UNS: vorwiegend in Buchen- und Mischwäldern WIR WACHSEN: je nach Standort vom Sommer bis in den Spätherbst
UNS KENNT MAN AUCH ALS: : Semmelgelben Stacheling und Rotgelben Stoppelpilz	
UNSERE FAMILIE: *Hydnaceae*	
UNSERE LEBENSWEISE: Mykorrhizapilz	

DAS SOLLTEST DU ÜBER UNS WISSEN:

Wir haben ein starkes Eigenaroma, das zugegebenermaßen nicht jedermanns Sache ist. Da wir nicht gerade das Suchobjekt Nummer 1 sind, kannst du uns mitunter in großen Mengen antreffen und solltest uns daher auf jeden Fall einmal probieren. In älterem Zustand schmecken wir zunehmend bitter, daher sollten wir nur jung verspeist und eingesammelt werden. Wir besitzen ein äußerst festes Fleisch und sollten besonders gut durchgegart werden. Sofern dir unser Geschmack zusagt, sind wir auch getrocknet und zu Pilzpulver (Seite 160) weiterverarbeitet sehr gut als Gewürzmittel einzusetzen.

Semmelporling (Albatrellus confluens)

DARAN ERKENNST DU UNS:

Unter den Herbstpilzen genießen wir eine Sonderstellung, haben wir doch ungleich der anderen weder Röhren noch Lamellen auf unserer Hutunterseite, sondern sogenannte Stoppeln. Diese wachsen wie Stacheln und werden mit zunehmendem Alter immer länger. Die Oberseite unseres Hutes ist cremeweiß bis orange, trocken, matt und fühlt sich glatt und samtig an.

Eindeutige Erkennungsmerkmale: kleine Zapfen auf der Hutunterseite

SCHON GEWUSST?

Unsere feinen Stacheln sind sehr spröde, also sei vorsichtig, wenn du uns verarbeitest, ansonsten ist schnell deine gesamte Küche „eingesemmelt".

MIT DIESEN PILZEN SOLLTEST DU UNS BESSER NICHT VERWECHSELN:

Aufgrund unseres einzigartigen Aussehens sind wir kaum zu verwechseln und auch für Anfängerinnen gut identifizierbar. Ähnliche Pilze wie der Semmelporling *(Albatrellus confluens)* oder der Schafsporling *(Albatrellus ovinus)* die eine hellere Färbung aufweisen, sind ebenfalls essbar.

Verwandte aus dem Laubwald: Weiße Semmelstoppelpilze (Hydnum repandum var. albidum)

SO SCHMECKE WIR AM BESTEN:

Ein absolutes Highlight in der Pilzkulinarik – gegrillte Semmelstoppelpilze! (Seite 162)

ACHTUNG: sehr ähnliche, giftige Doppelgänger

Der Parasol

Ein lebender Sonnenschirm im Miniformat

Ein junges Parasolpaar knapp vor der Schirmöffnung

LATEINISCHER NAME: *Macrolepiota procera*	MEIN LIEBLINGSSNACK: üppige Laubberge
MICH KENNT MAN AUCH ALS: : Riesenschirmling	HIER VERSTECKE ICH MICH: gern in Laubwäldern, Waldlichtungen, Randzonen
MEINE FAMILIE: *Agaricaceae*	ICH WACHSE: ab Sommerende bis in den November, in feucht-warmen Jahren schon ab Mitte Juni
MEINE LEBENSWEISE: Saprobiont	

DAS SOLLTEST DU ÜBER MICH WISSEN:

Ich bin ein listiges Kerlchen und gar nicht standorttreu. Das liegt daran, dass ich mich als Saprobiont immer dort niederlasse, wo es für mich gerade am günstigsten ist (Seite 37). Ich wachse, wo ich will – jedes Mal woanders! Dabei bevorzuge ich unscheinbare dichte Laubwälder mit großen Laubmassen, in denen du ansonsten eher nicht suchen würdest.

Auch der größte Schirm muss einmal klein anfangen.

Länger als ein Unterarm mit einem tellergroßen Schirm

DARAN ERKENNST DU MICH:

Ich mache meinem Namen alle Ehre und erreiche beachtliche Ausmaße im Vergleich zu vielen meiner kleineren Verwandten. Mein Hut kann mitunter Tellergröße erreichen, mein Stiel hebt mich für einen Pilz in luftige Höhen von bis zu 40 cm! Zudem habe ich einen interessanten, auffälligen, nussartigen Eigengeruch, der nur schwer zu verwechseln ist und für manche erst beim zweiten Riechen einen guten Eindruck hinterlässt. Meine auffällige schuppenartige Musterung (auch Natterung genannt) an Stiel und Hut (vor allem bei jüngeren Exemplaren) und mein verschiebbarer Ring machen mich gut erkennbar. An meiner Hutunterseite findest du weiße feine Lamellen. Mein Fleisch ist weich und weiß bis hellbraun.

MIT DIESEN PILZEN SOLLTEST DU MICH BESSER NICHT VERWECHSELN:

Ein möglicher Verwechslungspartner ist der Gift-Riesenschirmling *(Chlorophyllum venenatum)*, der eine große Knolle aufweist und an zivilisationsnahen Plätzen auftreten kann. Der Beschuhte Schirmling *(Lepiota ignivolvata)* riecht im Gegensatz zu mir unangenehm und hat eine rötliche Hutfärbung. Auch der Spitzschuppige Schirmling *(Echinoderma asperum)* ähnelt mir auf den ersten Blick, unterscheidet sich aber durch seinen nicht verschiebbaren Ring, sein punktiertes Muster und seinen unangenehmen Geruch. Achtung bei der Verwechslung: In Kombination mit Alkohol ist dieser Doppelgänger giftig! Von kleineren Schirmlingen solltest du generell Abstand halten, unter ihnen finden sich einige giftige Arten.

Vorsicht vor Verwechslungen mit kleineren giftigen Schirmlingen wie dem Beschuhten bzw. dem Rotknolligen Schirmling (Lepiota ignivolvata)!

SO SCHMECKE ICH AM BESTEN:

Schon aufgrund meiner Form bin ich das perfekte Pilzschnitzel. Vorsicht: Wer zu viel von mir erwischt, muss mit einem rebellierenden Magen rechnen. Also: Mit Bedacht zugreifen!

SCHON GEWUSST?

Fühl mal: Die Oberfläche auf der Ringoberseite ist so weich und angenehm wie kaum ein anderes Material in der Natur!

Der Schopftintling

Der weiß-schwarze Verwandlungskünstler

Die ovale Hutform und die helle weiße Färbung sind eindeutige Merkmale der Schopftintlinge.

LATEINISCHER NAME: *Coprinus comatus*	HIER VERSTECKE ICH MICH: an nährstoffreichen Plätzen entlang von Waldwegen und Wiesenrändern sowie Forststraßen ICH WACHSE: je nach Wuchsort von Mai bis Oktober; und bin über mehrere Jahre standorttreu
MICH KENNT MAN AUCH ALS: : Spargelpilz	
MEINE FAMILIE: *Agaricaceae*	
MEINE LEBENSWEISE: Saprobiont	

DAS SOLLTEST DU ÜBER MICH WISSEN:

Viele Pilzsammler schrecken vor mit zurück in dem Glauben, dass ich (vor allem in Kombination mit Alkoholgenuss) giftig sei. Also möchte ich zuallererst festhalten, dass ich im Gegensatz zu einigen meiner Verwandten nur sehr geringe Konzentrationen des namensgebenden Giftstoffes Coprin enthalte und somit ohne Probleme mit einem alkoholischen Getränk verzehrt werden kann. Meine (giftigen) Verwandten, die du ohnehin besser stehen lässt, können aber sehr wohl in Verbindung mit Alkohol schwere Vergiftungen hervorrufen. Daher solltest du bei der Suche vorbeugend auf alle meine Merkmale achten. Ich bin ein ausgezeichneter Speisepilz, sollte aber unbedingt am Fundtag verspeist werden – zum Trocknen und Haltbarmachen eigne ich mich nicht. Innerhalb weniger Stunden zerfließt mein weißes Fleisch zu einer schwarzen tintenähnlichen Substanz. Am besten also frisch genießen!

DARAN ERKENNST DU MICH:

Mein Hut ist weiß, ei- bis walzenförmig, mit fetzenartigen Schuppen überzogen und nur an der Oberseite mit dem Stiel verbunden. Unter den Tintlingen stelle ich die prächtigste Art dar – aber meine Schönheit ist vergänglich. Mein Fleisch ist weiß und wandelt sich später ins Pechschwarze um. Ich bin etwas größer als meine anderen Tintlingsverwandten.

Die Farbe muss immer kontrolliert werden. Schwarze Exemplare bleiben zurück.

Ein Verwechslungspartner: der Spechttintling (Coprinopsis picacea)

MIT DIESEN PILZEN SOLLTEST DU MICH BESSER NICHT VERWECHSELN:

Gerade im jungen, geschlossenen Stadium bin ich durch meinen üppigen Wuchs und die rein weiße Färbung gut von seinen ungenießbaren dunkleren und weniger „attraktiven" Verwandten wie beispielsweise dem Spechttintling *(Coprinopsis picacea)* mit seiner schwarz-weißen Hutmusterung zu unterscheiden. Im Alter ähneln sich verschiedene Tintlinge zunehmend, da ich allerdings ohnehin nur jung verzehrt werden sollte, erübrigt sich die Verwechslungsgefahr mit zunehmender Reife.

SO SCHMECKE ICH AM BESTEN:

Hoch geschätzt in der Spitzengastronomie, kann ich auch bei dir zuhause schnell und einfach mein intensives Aroma entfalten: Zwiebeln anbraten, zerkleinerte Pilze zugeben, gut dünsten und abschließend eine Scheibe Butter zugeben – schon zergehe ich auf deinem Gaumen!

SCHON GEWUSST?

Unter allen Pilzen bin ich mitunter der sensibelste: weiche Schale, weicher Kern sozusagen. Deshalb achte besonders auf einen sicheren Transport, sonst kommt von mir nur ein matschiger Rest bei dir zuhause an!

Die Reizker

Achtung Milchfarbe!

Junge Reizker, die sich durch die weiße Milchfarbe von essbaren Verwandten unterscheiden lassen.

UNSERE FAMILIE:
Russulaceae (richtig gelesen: wir sind mit den Täublingen verwandt)

UNSERE LEBENSWEISE:
Mykorrhizapilz

ZU UNS GEHÖREN:
Der Edelreizker *(Lactarius deliciosus)*
Der Spangrüne Kiefernreizker *(Lactarius semisanguifluus)*
Der Fichtenreizker *(Lactarius deterrimus)*
Der Lachsreizker *(Lactarius salmonicolor)*

UNSERE LEBENSPARTNER:
vorwiegend Kiefern, Fichten und Tannen

HIER VERSTECKEN WIR UNS:
in Kiefern- und Nadelwäldern, an Lichtungen und am Wegrand; auf sauren, nährstoffarmen Böden

WIR WACHSEN:
etwas später im Jahr, von September bis Oktober

DAS SOLLTEST DU ÜBER UNS WISSEN:

Wie der Name schon verrät, sind wir, die Gruppe der Milchlinge, unter den Pilzen etwas Besonderes. Wie die Wolfsmilchgewächse unter den Pflanzen geben wir bei Berührung oder Beschädigung in kleinen Tropfen eine milchartige Flüssigkeit ab. Ist diese weiß, kannst du den Pilz getrost im Wald zurücklassen. Dann handelt es sich um einen unserer Verwandten, der bei Verzehr – wie der Name vermuten lässt – Reizungen verursacht. Als genießbar gelten wir hier genannten Reizker, die wir eine orange bis rötliche Milch absondern. Allen voran der Edelreizker, unser Artgenosse, er ist gebraten ein sehr feiner Speisepilz. Wir Reizker zählen zu den sensibelsten Pilzen. Wenn du uns sammelst, solltest du unsere Hüte auf Festigkeit testen, da sie im Alter weich und brüchig werden und oft von Maden zerfressen sind. Unsere Stiele sind aus kulinarischer Sicht eher unbrauchbar. Uns an einer Stelle anzuschneiden, ist eine sinnvolle Kontrollmöglichkeit, um einen unnötigen Heimtransport zu vermeiden.

Außen hui, innen pfui – leider werden Reizker gern von Maden befallen, weshalb die Hüte genauer begutachtet werden sollten.

DARAN ERKENNST DU UNS:

Unter den Milchlingen haben wir eine farbliche Besonderheit – unsere Milch ist immer orangefarben und nicht weiß wie bei anderen unverträglichen Verwandten. Dies ist ein klares Merkmal, um essbare Reizker eindeutig zu bestimmen. Untereinander sind wir uns sehr ähnlich: Wir alle haben einen kurzen orangefarbenen Stiel und auf den Hüten ringförmige Muster, die manchmal dunkelgrün gefärbt sind. Charakteristisch für uns sind außerdem die orangefarbenen Lamellen auf der Hutunterseite sowie kleine Einbuchtungen entlang des Stammes (z. B. Lachsreizker). Unser Fleisch ist nicht faserig, sondern brüchig.

Edelreizker aller Altersklassen

MIT DIESEN PILZEN SOLLTEST DU UNS BESSER NICHT VERWECHSELN:

Weniger schmackhafte, ungenießbare und leicht giftige Verwandte von uns sind durch die weiße Milch eindeutig erkennbar. Der mögliche „Doppelgänger“ Birkenreizker *(Lactarius torminosus)* weist zudem einen rötlicheren Hut auf. Auf den ersten Blick wirkt auch der giftige Kahle Krempling wie ein Reizker, da dieser an ähnlichen Wuchsorten gedeiht. Er zählt jedoch nicht zu den Milchlingen, hat folglich keine austretende Milch und kann klar ausgeschlossen werden.

SO SCHMECKE WIR AM BESTEN:

Wir Milchlinge müssen unbedingt hitzebehandelt werden. Unzureichend gegarte Pilze können Vergiftungen hervorrufen! Da wir sehr zerbrechlich sind, gibst du uns am besten sofort nach dem Fund in die Pfanne. Scharf angebraten, mit einer Portion Reis dazu, hast du schnell eine Belohnung für deine erfolgreiche Suche. Gerade der Brätling – der Name lässt es schon anklingen – schmeckt auf diese Weise zubereitet hervorragend!

SCHON GEWUSST?

Unsere Gattung umfasst weltweit über 200 verschiedene Arten – von denen einige komplett blau gefärbt sind! Sogar die Milch ist intensiv blau.

Typische Merkmale: außen durch und durch orange, mit grünlichen Farbtönen auf der Hutoberseite und dunkelgrün verfärbtem Gewebe bei Beschädigung.

Ein junger Brätling, erkennbar an dem braunen Hut, hellbraunem Stiel, bräunlichen Flecken bei Verletzung und am austretenden weißen Milchsaft.

Ein ausgewachsener Brätling, der stark an Reizker erinnert und zur Erkennung definitiv eines Geruchstests bedarf.

Der Brätling

Ich, der Brätling *(Lactifluus volemus)*, gehöre zur zweiten Gattung unter den Milchlingen, den *Lactifluus*. Meine Verwandten, die Reizker, werden hingegen der ersten Gattung Lactarius zugerechnet. Ich zähle trotz meiner weißen Milch zu einem der besten Speisepilze überhaupt. Wer sich anfänglich bei der Unterscheidung von uns Milchlingen nicht sicher ist, was aufgrund unserer Artenvielfalt verständlich ist, kann sich professionellen Rat holen oder ganz besonders auf deren Merkmale achten. In meinem Fall ist dies mein unverwechselbarer Geruch. Ich rieche nämlich nach Fisch, genauer gesagt ähnlich einem Hering oder Hummer. Hast du mich einmal in der Hand gehabt, riecht diese für die nächsten Stunden, genau wie umliegende Pilze in Korb oder Tasche, nach Fisch. Optisch erinnere ich mit meinem anfänglich dunkelbraunen Hut und dem ebenfalls orange-braunen Stiel ein bisschen an einen Maronenröhrling – nur eben mit Lamellen und weißer Milch.

Deutlich erkennbar: der weiße Milchsaft, der an den Lamellen des Brätlings austritt.

Die Krause Glucke

Die blasse Koralle im Kiefernwald

Der Vergleich: rechts ein junger, heller Pilz – links ein graues, dunkleres, erwachsenes Exemplar.

LATEINISCHER NAME:
Sparassis crispa

MICH KENNT MAN AUCH ALS: :
Blumenkohlpilz oder Fette Henne

MEINE FAMILIE:
Sparassidiaceae

MEINE LEBENSWEISE:
Parasit und/oder Saprobiont

MEIN LIEBLINGSSNACK:
eindeutig die Kiefer

HIER VERSTECKE ICH MICH:
ich wachse recht auffällig an Füßen und Wurzeln von Kiefern – von Verstecken kann also nicht die Rede sein!

ICH WACHSE:
in feuchten Sommern ab August bis in den November

DAS SOLLTEST DU ÜBER MICH WISSEN:

Wer mich einmal probiert hat, kann mich nie mehr vergessen. Ich bin die Geschmackskönigin des gesamten Pilzreichs. Kein anderer Pilz kann in Bezug auf Aroma, Eigengeschmack gepaart mit Ergiebigkeit – ich kann einige Kilo schwer werden – mit mir mithalten. Manch einer vergleicht meinen feinen Geschmack mit den ebenso geschätzten Morcheln, die aber nur im Frühjahr zu finden sind. Um mich zu entdecken, lohnt ein Blick in Kiefernwälder ab dem Spätsommer bis weit in den Herbst hinein. Für die Kiefer ist mein Auftreten hingegen weniger erfreulich. Ich „befalle" ihre Wurzeln und Stammansätze und komme jedes Jahr genau an derselben Stelle wieder. Wer mich also einmal entdeckt hat, sollte sich Fundort und Zeitpunkt genau merken und nächstes Jahr wiederkommen.

DARAN ERKENNST DU MICH:

Mein Aussehen erinnert an Korallen oder Badeschwämme. Ich weise eine weißliche, später leicht graue Verfärbung mit dünnen schwarzen Randzonen auf. In meinen Windungen versteckt sich allerlei Erde, Gras und Nadeln. Auch der eine oder andere Käfer sucht in mir Zuflucht, wodurch ich zu den Pilzen zähle, deren Säuberung am aufwendigsten ist. Aber mein einzigartiger Geschmack lohnt für alle Mühen!

Das korallenartige Innenleben einer Glucke sollte gründlich gesäubert werden.

Bereits von Weitem erkennbar – eine fußballgroße Krause Glucke direkt am Kiefernstamm.

MIT DIESEN PILZEN SOLLTEST DU MICH BESSER NICHT VERWECHSELN:

Dank meiner hellen Färbung, meiner einzigartigen Wuchsform, meines intensiven Geruchs und meiner engen Bindung an Kiefern kannst du mich eindeutig erkennen und nicht verwechseln! Allerdings gibt es unter Tannen und Eichenbäumen noch eine verwandte Art, die Breitblättrige Glucke *(Sparassis brevipes)*, die früher auftritt und so selten geworden ist, dass sie unbedingt im Wald verbleiben sollte!

SO SCHMECKE ICH AM BESTEN:

Wie auch immer du mich zubereiten möchtest – durch mein unglaublich starkes Aroma ist weniger Verarbeitung oft mehr! Auch getrocknet bin ich eine Köstlichkeit und kann zur Verfeinerung von Suppen und anderen Gerichten verwendet werden.

SCHON GEWUSST?

Von uns wurden schon Exemplare mit einem unglaublichen Gewicht von über 5 kg gefunden.

FRISCHE PILZE ZUR WEIHNACHTSZEIT!

Monat	Einteilung	Jahreszeit
November	Frühwinter	Winter
Dezember, Januar, Februar	Vollwinter	

Wenn sich das Jahr dem Ende zuneigt, die pflanzliche Vegetation ihr buntes Kleid abgeworfen hat, die letzten Steinpilze dahinziehen, wirkt es, als ob sich das Leben aus den Wäldern in seine verdiente Ruhepause zurückzieht. Kühle Temperaturen sowie die ersten Fröste scheinen die Erfolgschancen von uns Pilzsuchern maßgeblich zu schmälern.

Zum Winter gibt es verschiedene Einteilungen. Kalendarisch beginnt er Ende Dezember, meteorologisch gesehen am 1. Dezember. Der Pilzwinter hingegen wird noch etwas früher angesetzt: im November. In dieser Zeit findet ein spür- und sichtbarer Rückgang des Pilzvorkommens statt. Die regelrechten Massenvorkommen der vorangegangenen Monate geraten in Vergessenheit, die Freude an einzelnen schönen Funden steigt und wird mit Novemberbeginn immer rarer. In höher gelegenen Suchgebieten spielt sich dieser Prozess selbstverständlich schon einige Wochen früher ab.

Viele Pilzsucher haken also zu dieser Zeit üblicherweise die Saison ab. Nicht so schnell! Jeder, der sich jetzt auf die faule Haut legt, verpasst die Chance auf tolle Funde. Pilze sind wahre Überlebenskünstler und haben

Üppige Ansammlungen von Totholz sind ideale Suchgebiete für Winterpilze – du kannst das ganze Jahr über nach solchen Plätzen Ausschau halten und sie dann im Winter genauer unter die Lupe nehmen.

es geschafft, auch den Winter für sich zu nutzen. Während sich winzige, von uns unbeachtete Pilzkolonien unermüdlich über das reiche Buffet der tonnenweise angesammelten Laubmassen hermachen, haben auch einige interessante Großpilze den Winter für sich entdeckt. Diese Spezialisten brauchen kühle Temperaturen, manche von ihnen sogar Frost, um zu wachsen. Die meisten Winterpilze leben saprotroph auf bestimmten Bäumen. Es ist also wichtig, nach dem richtigen Suchgebiet für diese Jahreszeit Ausschau zu halten.

Im Winter sind vor allem tiefer gelegene Laubwälder, aber auch Mischwälder mit Kiefern und Lärchen für uns Pilzsucher interessant. Im Fokus stehen alte Baumstümpfe, umgestürzte Stämme und weiteres Totholz, das von den Pilzen zersetzt wird (Seite 36). Nach diesen kannst du auch schon zu anderen Jahreszeiten suchen, dir die Plätze notieren und ihnen dann im Winter einmal einen Besuch abstatten. Auch Auwälder mit ihren vorwiegend weichen Laubgehölzen sind in den Wintermonaten für den einen oder anderen Pilz ein guter Tipp.

Der Winter wartet bei genauem Hinschauen auch mit einigen farben- und formenreichen (leider ungenießbaren) Pilzarten auf: Porlinge, Korallen, Zitterlinge, Schleimpilze, Gallertbecher und verschiedenste Trameten schlemmen nahezu unbemerkt am winterlichen Holzbuffet.

Winterpilz ≠ Pilz im Winter

Diese Regel unterstreicht den Einfluss des Klimawandels vor allem auf das zeitliche Auftreten von Pilzen. Besonders im Flachland sinkt die Anzahl der Frosttage sowie die Schneemenge. Zudem werden die Herbstphasen immer wärmer und reichen immer öfter bis in den eigentlichen Winter hinein. Für viele Pilze kommt es daher sehr spät im Jahr zu guten Wuchsbedingungen. Totentrompeten (Seite 120), Trompetenpfifferlinge (Seite 118), Reizker (Seite 128) und so mancher Röhrling (Seite 94) sind in besonders warmen Jahren bis in den Dezember hinein zu finden. Hierbei handelt es sich allerdings nicht um echte Winterpilze, die an Frost angepasst sind. Daher ist bei solchen Funden Vorsicht geboten und besonders auf die Qualitätsmerkmale zu achten (Seite 62). Besteht der Verdacht, dass diese Pilze schon einmal durchgefroren waren, sollte man sie auf jeden Fall im Wald zurücklassen, um unangenehmen Pilzunverträglichkeiten vorzubeugen. Ohne Bedenken sammeln und genießen kannst du jedenfalls die Pilze auf den folgenden Seiten!

ACHTUNG: sehr ähnliche, giftige Doppelgänger

Der Violette Rötelritterling

Bluthochdruck ade!

Eine kleine Familie violetter Rötelritterlinge sorgt bei so manch später Herbstwanderung für eine schöne Pilzüberraschung.

LATEINISCHER NAME:
Lepista nuda

MICH KENNT MAN AUCH ALS: :
Nackter Ritterling

MEINE FAMILIE:
Tricholomataceae

MEINE LEBENSWEISE:
Saprobiont

MEIN LIEBLINGSSNACK
organische Masse im Waldboden

HIER VERSTECKE ICH MICH:
gängige Laubmischwälder, oft in hohem Laub zu finden

ICH WACHSE:
ab Herbstende bis in den Winter hinein, sehr selten auch im späten Frühjahr

DAS SOLLTEST DU ÜBER MICH WISSEN:

Als junger Pilz kennzeichnet mich meine gänzlich violette Färbung, die mit zunehmendem Alter jedoch schwächer wird, verblasst und ins Gräuliche übergeht. Ich bin ein recht häufig anzutreffender Spätpilz und sollte daher von allen Pilzliebhabern erkannt werden. Ich schmecke nämlich unglaublich gut! Zudem werde ich zu den Vitalpilzen gezählt, da mir – auch durch aktuelle Studien bestätigt – eine blutdrucksenkende und krebshemmende Wirkung attestiert wird.

DARAN ERKENNST DU MICH:

Mein Hut strahlt in einer satten violetten, mit zunehmendem Alter ins Bräunliche gehenden Farbe. An seiner Unterseite befinden sich weißlich-violette Lamellen. Eine ähnliche Farbe weist auch mein Stiel auf, der eine flockig-wattige Oberfläche besitzt. Meine Sporen sind farblos. Angesichts seiner giftigen „Doppelgänger" ist bei Rötelritterlingen etwas Vorsicht bei der Suche geboten. Vor allem für Anfänger empfiehlt sich eine Überprüfung der ersten Funde durch eine Pilzberatungsstelle.

Nebelkappen wachsen häufig an ähnlichen Standorten, sind aber giftverdächtig. Im Vergleich zum Violetten Rötelritterling sind sie grau und niemals violett gefärbt.

Vorsicht, Verwechslung: Die ähnlichen Schleierlinge geben braune Sporen ab (keine violetten) und haben einen typischen verdickten Stammansatz. Geruchsprobe nicht vergessen!

MIT DIESEN PILZEN SOLLTEST DU MICH BESSER NICHT VERWECHSELN:

Ich habe drei giftige Verwechslungspartner. Der Violette Dickfuß *(Cortinarius traganus)* und der Bocksdickfuß *(Cortinarius camphoratus)* haben eine sehr ähnliche Färbung, sind aber anhand ihres widerlichen Geruchs und ihrer braunen Sporenfärbung zu unterscheiden. Das heißt: Im Zweifelsfall mit den Fingern oder einem Taschentuch über die Lamellen streifen und nachkontrollieren. Der dritte Verwechslungspartner ist die Nebelkappe *(Clitocybe nebularis)*. Sie hat ähnliche Wuchsstandorte, ist jedoch gänzlich grau und weist keinerlei violette Farbtöne auf. Ähnlich ist ebenfalls der stark nach Erde riechende Erdigriechende Schleimkopf *(Cortinarius variicolor)*.

SO SCHMECKE ICH AM BESTEN:

Ich erscheine meist, wenn die üppigste Pilzzeit gerade ausklingt. Leg mich in Essig ein (Seite 160) und spar mich für schlechtere Zeiten auf. Falls dein Appetit nach dem Herbst immer noch nicht gestillt ist, bin ich eine bunte Bereicherung für jedes Omelett. Gutes und langes Erhitzen ist bei mir besonders wichtig – in rohem Zustand solltest du mich nie verspeisen, da wirke ich blutzersetzend.

SCHON GEWUSST?

Mich umgibt ein besonderes Aroma, sowohl im Geruch als auch im Geschmack wird mir eine süßliche Note nachgesagt. Welcher andere Pilz kann das schon von sich behaupten?

Der Frostschneckling

Der Geschmacksträger unter den Winterpilzen

Gut versteckt im Waldboden: der schleimige Kopf des Frostschnecklings.

LATEINISCHER NAME: *Hygrophorus hypothejus*	MEINE LEBENSPARTNER: fast ausschließlich Kiefern
MICH KENNT MAN AUCH ALS: : Winterschnecke	HIER VERSTECKE ICH MICH: vorzugsweise Kiefernwälder
MEINE FAMILIE: *Hygrophoraceae*	ICH WACHSE: nach ersten Frösten, ab Oktober bis teilweise in den Dezember
MEINE LEBENSWEISE: Mykorrhizapilz	

DAS SOLLTEST DU ÜBER MICH WISSEN:

Wer mich kennt, weiß, dass ich nicht nur aufgrund meines späten Auftretens bei Minusgraden etwas Besonderes bin, auch geschmacklich gelte ich unter Kennern als einer der besten Speisepilze. Daher solltest du einige Tage nach den ersten Nachtfrösten im Spätherbst den nächstgelegenen Kiefernwald einmal genauer durchsuchen und dein Glück versuchen. Schräge Blicke, weil jemand bei Eiseskälte mit Pilzkorb durch die Wälder streift, sind vorprogrammiert – aber die Mühe lohnt sich!

DARAN ERKENNST DU MICH:

Aufgrund meines Wachstums in den kälteren letzten Monaten eines Jahres, immer in der Nähe von Kiefern, habe ich kaum Nachbarn und kann nur schwerlich verwechselt werden. Mein schleimiger, gelbbrauner bis graubrauner Hut, der zum Zentrum hin immer dunkler wird, ist mein auffälligstes Erkennungsmerkmal. Darunter befinden sich gelbliche Lamellen. Mein Stiel ist gelblich, mein Fleisch weißlich bis blassgelb.

MIT DIESEN PILZEN SOLLTEST DU MICH BESSER NICHT VERWECHSELN:

In der Gattung der Schnecklinge gibt es zu dieser Jahreszeit keine ungenießbaren Verwechslungspartner.

SO SCHMECKE ICH AM BESTEN:

Aufgrund meiner Seltenheit sollte ich nur in ganz kleinen Mengen gesammelt oder am besten nur einmal probiert werden. Um meinen guten Eigengeschmack nicht zu verfälschen, empfiehlt sich wie beim Schopftintling ein kurzes Anbraten mit Zwiebeln, Petersilie und Butter.

SCHON GEWUSST?

Zugegeben: Ich bin etwas eifersüchtig auf einen meiner nahen Verwandten, den nach Marzipan duftenden Marzipanschneckling *(Hygrophorus agathosmus)*. Weitere essbare Verwandte sind der Goldgelbe Frostschneckling *(Hygrophorus hypothejus var. aureus)* und der Lärchenschneckling *(Hygrophorus lucorum)* – die aber alle früher im Jahr erscheinen.

Frostschneckling in verschiedenen Formen

Der Birkenporling

Magenberuhigender Winterpilz

Alles fängt einmal klein an: frischer Birkenporling

LATEINISCHER NAME: *Piptoporus betulinus*	HIER VERSTECKE ICH MICH: wie der Name schon sagt – an Birkenstämmen ICH WACHSE: von Herbst bis ungefähr kurz nach dem Jahreswechsel; ich bin ein einjähriger Baumpilz
MICH KENNT MAN AUCH ALS: : Ötzipilz	
MEINE FAMILIE: *Polyporaceae*	
MEINE LEBENSWEISE: Schwächeparasit und Saprobiont	

DARAN ERKENNST DU MICH:

Während ich im jungen Stadium cremefarben und knollenartig geformt bin, breite ich mich mit der Zeit zu einem kissenförmigen Fruchtkörper mit ockerfarbenem bis braunem Hut aus. In diesem Stadium kann ich einen beachtlichen Durchmesser von bis zu 30 cm erreichen. An meiner Unterseite befinden sich weißliche bis hellgelbe Poren. Wo ich am Stamm anwachse, verschmälert sich mein breiter Fruchtkörper zu einem stark gestutzten Stiel.

MIT DIESEN PILZEN SOLLTEST DU MICH BESSER NICHT VERWECHSELN:

Ich kann aufgrund meiner strikten Partnerschaft mit Birken und meines braunen, an Steinpilzkappen erinnernden Hutes so gut wie nicht verwechselt werden.

SO SCHMECKE ICH AM BESTEN:

Prinzipiell bin ich aufgrund meines zähen Fleisches und meines bitteren Geschmacks ungenießbar. Im jungen Stadium könnte man mich theoretisch verspeisen, sobald ich älter und größer geworden bin, schmecke ich gar nicht mehr gut. Ich bin aber ein famoser Vitalpilz, mir werden vielerlei Heilkräfte nachgesagt. Meine Wirkung entfaltet sich am besten in Form eines Tees: eine Handvoll getrocknete Birkenporlingsscheiben mit 0,5 l Wasser aufkochen und für ca. 30 Minuten köcheln lassen. Danach den Tee mit etwas Honig verfeinern, um ihm den bitteren Geschmack zu nehmen.

SCHON GEWUSST?

Neben meiner magenberuhigenden Wirkung wird mir nachgesagt, dass ich die Haarqualität positiv beeinflussen kann. Erstaunlich, oder?

Frische Porlinge können beeindruckende Ausmaße annehmen und sollten zur Aufbewahrung zerkleinert und getrocknet werden. Tipp: In der kalten Jahreszeit funktioniert das am besten auf der warmen Heizung.

Ötzi und seine Glücksbringer: Die Superkraft des Birkenporlings

Als der Mann aus dem Eis sich vor über 5000 Jahren seinen Weg über die Ötztaler Alpen bahnte, hatte er nicht nur ein Kupferbeil und einen Dolch mit, sondern auch zwei Birkenporlinge, die er in seiner Gürteltasche verstaut hatte. Er führte sie als Glücksbringer für seine Reise mit. Birkenporlinge wurden in der Steinzeit außerdem aufgrund ihrer entzündungshemmenden Wirkung verwendet. Sie wurden auf Wunden aufgelegt oder bei Verdauungsproblemen angewendet. Außerdem verzögern die Pilze bei der Einnahme den Abbau von Endorphinen – und werden so zu einem wirksamen Schmerzmittel. Einige Jahrtausende später wird die magenberuhigende Wirkung dieses Naturheilmittels immer noch unter Kennern geschätzt. Ein echtes Wundermittel!

Der Austernseitling

Der Sattmacher der Wintermonate

Der gesamte Baumstamm ist mit frischen und ausgewachsenen Fruchtkörpern übersät.

LATEINISCHER NAME: *Pleurotus ostreatus*	MEIN LIEBLINGSSNACK: vorzugsweise Buchen und Rotbuchen, aber auch andere Laubgehölze wie Eichen HIER VERSTECKE ICH MICH: an alten, umgestürzten Baumstämmen oder bereits geschwächten Bäumen, an denen ich bis in lichte Höhen emporwachsen kann ICH WACHSE: nach Temperaturabfällen im Spätherbst bis in den Januar und Februar hinein
MICH KENNT MAN AUCH ALS: : unter dem vielversprechenden Namen „Kalbfleischpilz" – was meinen guten Geschmack sofort erahnen lässt	
MEINE FAMILIE: *Pleurotaceae*	
MEINE LEBENSWEISE: Schwächeparasit und Saprobiont	

DAS SOLLTEST DU ÜBER MICH WISSEN:

Bei mir handelt es sich um einen der besten und definitiv ergiebigsten Winterpilze. Als schmackhaftestes Mitglied der Seitlingsgattung, die übers ganze Jahr verschiedene Arten hervorbringt, besitze ich die faszinierende Fähigkeit, abgestorbenes Holz in eine für dich gesunde Köstlichkeit zu verwandeln. Ich werde auf vielen Märkten angeboten und bin fixer Bestandteil der asiatischen Küche. Generell werde ich in vielen Ländern kommerziell angebaut und in weit größeren Mengen verzehrt als hierzulande. Um mich in meiner natürlichen Umgebung zu finden, musst du – wie für die meisten Winterpilze – den Nadelwald verlassen und möglichst alte Laubwaldgebiete aufsuchen. Dort stellt das Totholz, also vorwiegend umgestürzte oder abgestorbene Stämme, meinen Hauptwohnsitz dar. Ich zähle zu den frosttoleranten Pilzen.

DARAN ERKENNST DU MICH:

Ich habe eine typische gräulich bis silbrige Hutfarbe mit im jungen Stadium eingerolltem Hutrand, einen dicken, kurzen Stiel und im jungen Alter weiße Lamellen, die sich später leicht gelblich verfärben. In diesem Stadium solltest du Exemplare meiner Art im Wald belassen, da sie mit dem ungenießbaren Gelbstieligen Muschelseitling *(Panellus serotinus)* verwechselt werden können. Weitere Seitlingsarten kommen nur in wärmeren Jahreszeiten vor.

MIT DIESEN PILZEN SOLLTEST DU MICH BESSER NICHT VERWECHSELN:

Der Gelbstielige Muschelseitling weist eine dunklere Hutfarbe, einen gelblichen Stielansatz sowie gelbliche Lamellen auf.

Ein imposantes Exemplar in perfekter Schnitzelgröße.

Kleine Austernbabys versprechen eine weitere baldige Ernte.

Ein kurzer, fast nicht vorhandener Stiel, ein grauer Hut und weiße Lamellen sind typische Merkmale.

SO SCHMECKE ICH AM BESTEN:

Als Ganzes solltest du mich einmal scharf anbraten, mit Grillgewürzen verfeinern und mit Tomatenscheiben und Salatblättern als Patty in einen Burger verfrachten. Definitiv ein saftiger Leckerbissen.

SCHON GEWUSST?

Austernseitlinge zählen weltweit zu den bedeutendsten Kulturpilzen, da sie auf verschiedensten Rohstoffen wie Holzspänen, Papier, Stroh oder sogar Kaffeesatz gezüchtet werden können.

Das Judasohr

Das „Ohr des Waldes"

Von der Kälte voll erwischt – aber komplett frosthart.

LATEINISCHER NAME: *Auricularia auricula-judae*	MEIN LIEBLINGSSNACK: Holunderbäume, Buchen und andere Laubgehölze
MICH KENNT MAN AUCH ALS: : Chinesische Morchel	HIER VERSTECKE ICH MICH: manchmal nicht auf den ersten Blick erkennbar, aber immer an Baumstämmen oder abgefallenen Ästen; ich bin nicht bodenbewohnend
MEINE FAMILIE: *Auriculariaceae*	ICH WACHSE: in Wintermonaten und in der kühlen Jahreszeit; bin aber an feuchten Stellen mitunter ganzjährig zu finden
MEINE LEBENSWEISE: Schwächeparasit und Saprobiont	

DAS SOLLTEST DU ÜBER MICH WISSEN:

Kurz gesagt: Ich bin aus der asiatischen Küche nicht wegzudenken. Ob zur Verfeinerung von Reis oder Gemüsegerichten, als eigenständige Beilage, getrocknet oder eingelegt in köstliche Saucen, deren Geschmack ich regelrecht aufsauge, kann man mich abwechslungsreich einsetzen. Um mich zu finden, solltest du vor allem in der kühleren Jahreszeit umgefallene Bäume, Holunderstämme oder herumliegende Äste am Waldboden einmal genauer unter die Lupe nehmen. Mein unscheinbarer, aber feiner Pilzgeschmack macht mich genauso wie mein Gehalt an Eisen, Kalium und anderen wertvollen Mineralstoffen zu einem Muss auf deiner Suchliste sowie zu einem Bestandteil der Traditionellen Chinesischen Medizin.

DARAN ERKENNST DU MICH:

Mein Name ist Programm: Ich wachse in ohrmuschelartigen Lappen an meinen bevorzugten Baumstämmen. Mein Fruchtkörper ist bräunlich, stellenweise fast durchsichtig, mein Fleisch elastisch. Stiel und Hut sind verwachsen.

Ein ganzer Ast voller Ohren, etwas eingetrocknet und daher dunkler durch den sonnigen Wintertag.

MIT DIESEN PILZEN SOLLTEST DU MICH BESSER NICHT VERWECHSELN:

Ich selbst sowie der sehr ähnliche und essbare Kreisel-Drüsling *(Exidia recisa)* können mit dem Abgestutzten Drüsling *(Exidia truncata)*, der jedoch im Alter deutlich dunkler ist, verwechselt werden. Dieser ist zwar harmlos und gilt als ungiftig, ist aber kulinarisch unbrauchbar.

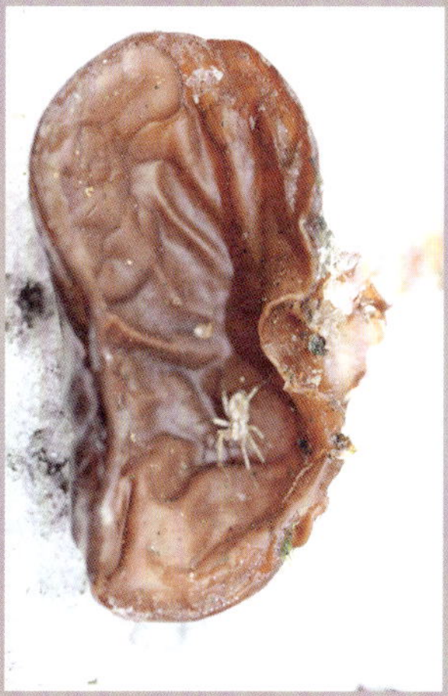

Winterquartier einmal anders: Eine Spinne in ihrem essbaren Zuhause.

SO SCHMECKE ICH AM BESTEN:

Eingelegt in eine Marinade aus Sojasauce, Ingwer und Knoblauch kannst du mich gut durchgedünstet als schmackhafte Ergänzung zu Reis und Gemüsegerichten verwenden.

SCHON GEWUSST?

Nach trockenen, sonnigen Tagen ziehe ich mich in meinen Survival-Modus zurück, weil ich Wasser abgeben muss und deshalb um ein Vielfaches meiner ursprünglichen Größe einschrumpfe, bis man mich kaum noch sieht. So warte ich auf den nächsten Regen, bis ich wieder in voller Größe erscheinen kann.

ACHTUNG: sehr ähnliche, giftige Doppelgänger

Der Gemeine Samtfußrübling

Das orange Winterpilzwunder

Ein Blick aufs Detail zeigt die Schönheit dieses Winterpilzes.

LATEINISCHER NAME: *Flammulina velutipes agg.*	HIER VERSTECKE ICH MICH an eher weichen Laubhölzern wie Weiden, Pappeln, Ulmen, Eschen aber auch an Buchen ICH WACHSE: von September bis April, hauptsächlich jedoch in den Monaten um den Jahreswechsel
MICH KENNT MAN AUCH ALS: : Winterpilz oder Winterrübling	
MEINE FAMILIE: *Physalacriaceae*	
MEINE LEBENSWEISE: Schwächeparasit und Saprobiont	

DAS SOLLTEST DU ÜBER MICH WISSEN:

Nur wenigen Pilzsucherinnen hierzulande bin ich ein Begriff. Im asiatischen Raum hingegen zähle ich zu den beliebtesten Speisepilzen und darf vor allem in Suppengerichten auf keinen Fall fehlen. Wie viele holzbewohnende bzw. holzzersetzende Pilze bin ich auf organischem Substrat gut zu züchten und werde daher kommerziell kultiviert. Lass dich von meinem Geschmack überraschen und von meinen Fähigkeiten als Vitalpilz überzeugen!

DARAN ERKENNST DU MICH:

Mein honiggelb glänzender Hut weist auf der Unterseite weißliche bis hellgelbe Lamellen auf. Eine ähnliche Farbe besitzt mein Fleisch. Die Basis meines dünnen Stiels ist dunkel und wird zur Spitze hin immer heller. Ich wachse in Büscheln auf meinen Lieblingsholzstämmen.

Angezuckert mit Schnee – macht ihnen nichts aus!

MIT DIESEN PILZEN SOLLTEST DU MICH BESSER NICHT VERWECHSELN:

Aufgrund meines Erscheinungszeitraumes vor allem in den kältesten Monaten habe ich ein Alleinstellungsmerkmal. Dennoch sollte ich nur von geübten Sammlern genossen werden, da ich einen tödlich-giftigen Verwechslungspartner habe: Den Gift- oder Nadelholzhäubling *(Galerina marginata)*. Dieser kann gelegentlich zur selben Zeit auftreten. Er verfügt über einen silbrig-faserig gemusterten Stiel mit einem feinen Ring. Im Unterschied dazu habe ich einen samtigen Stiel. Der Unterschied lässt sich gut ertasten. Da meine Gattung *Flammulina* allerdings mehrere unterschiedliche Arten aufweist, solltest du mich sicherheitshalber von Experten bestimmen lassen.

Hauptunterscheidungsmerkmale zum Gift- oder Nadelholzhäubling (Galerina marginata) sind der unterschiedlich gemusterte Stiel sowie der Ringansatz – der jedoch leicht vergänglich ist.

SO SCHMECKE ICH AM BESTEN:

Im asiatischen Raum bin ich Teil so gut wie jeder Suppe – und sollte auch von dir öfter dafür verwendet werden. Mein Geschmack passt besonders gut in Ramen-Gerichte (Seite 172).

SCHON GEWUSST?

Mein flauschig-samtiger Stiel ist definitiv eine Besonderheit im Pilzreich – allerdings nicht zum Verzehr zu empfehlen.

Die Schmetterlingstramete

Bunter Gesundmacher

Wie eine dunkle Blume wachse ich vielerorts an alten Baumstümpfen, bleibe aber trotzdem häufig unbeachtet.

LATEINISCHER NAME: *Trametes versicolor*	MEIN LIEBLINGSSNACK: Buchen oder Rotbuchen, daneben auch Eichen oder Weiden
MICH KENNT MAN AUCH ALS: : Bunter Porling	HIER VERSTECKE ICH MICH: an umgestürzten Baumstämmen; mit Abstand aber am liebsten auf Baumstümpfen
MEINE FAMILIE: *Polyporaceae*	ICH WACHSE: ganzjährig bei feuchten Witterungsbedingungen, verstärkt im Winter und im Herbst
MEINE LEBENSWEISE: Saprobiont	

DAS SOLLTEST DU ÜBER MICH WISSEN:

Jeder Pilzsammler ist mit absoluter Sicherheit schon unzählige Male an mir vorbeispaziert, ohne mein unscheinbares Aussehen auch nur eines Blickes zu würdigen. Ich wachse zahlreich auf herabgefallenen Ästen, in Parks oder besonders gern an Baumstümpfen – egal, ob in der Zivilisation oder mitten im Wald. Fast so, als würde ich dir vermitteln wollen: Hier bin ich, nimm mich mit! Ich bin einer der anerkanntesten und am besten erforschten Vitalpilze weltweit. Besonders in Asien ist meine Heilwirkung seit langem bekannt. Ich bin eine wahre Allround-Gesundmacherin. Mir wird eine immunstärkende, antibakterielle und sogar antikanzerogene Wirkung zugesprochen. In der Traditionellen Chinesischen Medizin werde ich regelmäßig als aufbauendes Mittel in der Behandlung von Krebserkrankungen eingesetzt. Im Alltag kann ich in Form von Tees (siehe rechts) bei Erkältungen oder Schwächegefühlen unterstützend verwendet werden.

DARAN ERKENNST DU MICH:

Ich wachse in rundlichen, rosettenförmigen, scharfkantigen Fächern mit einem Durchmesser von 2–8 cm. Die Oberseite meines Fruchtkörpers ist bunt gezont mit rötlichen, bräunlichen, gräulichen bis bläulichen Farbtönen, meist jedoch schwarz. Meine Anwachsstelle am Baum ist im Gegensatz zu anderen Trameten sehr dünn (bis zu 3 mm). Meine Fleischfarbe ist weißlich bis gelblich. Auf der Unterseite meines Hutes finden sich feine Poren.

MIT DIESEN PILZEN SOLLTEST DU MICH BESSER NICHT VERWECHSELN:

Durch meine abwechselnd helle und dunkle Färbung mit den typisch ringförmigen Mustern, die sich im Alter immer stärker ausbilden, kann ich sehr gut erkannt werden. Meine Form weisen allerdings auch andere Trameten und Porlinge auf, weswegen es hier gelegentlich zu Verwechslungen kommen kann.

Neues Leben: Kleine Babytrameten sprießen typischerweise aus einem Baumstumpf.

SO SCHMECKE ICH AM BESTEN:

Probiere mich als wohltuenden Tee! So geht's: putzen, in dünne Streifen schneiden und trocknen. Anschließend im Mixer pulverisieren. In 0,5 l kaltes Wasser ca. 10 g Pilzpulver geben, gut verrühren und langsam erhitzen – und genießen! Das Pilzpulver lässt sich gut verschlossen, in trockener Umgebung mehrere Monate lagern. Ansonsten bin ich durch meine zähe Konsistenz und den fehlenden Geschmack nicht genießbar. Aufgrund meiner einzigartigen Färbung werde ich auch gern als Dekoration verwendet, beispielsweise für Blumengestecke.

SCHON GEWUSST?

Die zahlreichen in unseren Wäldern vorkommenden Trametenarten sind Weißfäuleerreger (Seite 38). Damit bin ich ein wesentlicher Teil der natürlichen Waldpolizei und für das Gleichgewicht im Ökosystem Wald mitverantwortlich.

Pilze – eine Bereicherung für den Speiseplan. Nach dem Sammeln ist vor dem Genießen

Es ist so weit: Deine Körbe und Taschen sind randvoll gefüllt. Du bist erschöpft und überglücklich zuhause angekommen. Deine üppigen Pilzfunde lachen dich verheißungsvoll an. Wie geht es jetzt weiter?

In allererster Linie sei hier gesagt: Pilze sind äußerst sensible Lebensmittel. Dass den Großteil des Jahres in ihren Supermarktregalen gähnende Pilz-Leere herrscht, während Obst, Gemüse und Fleisch aus aller Welt ganzjährig eingeschifft werden, spricht schon Bände. Wir haben es hier also mit sehr zimperlichen Gesellen zu tun, die gern eine Extraportion Zuwendung von uns haben möchten. Auf den folgenden Seiten erfährst du, wie du deine Pilze am besten putzen, lagern – und natürlich in wunderbare Gerichte verwandeln kannst!

Ein stolzer Blick auf die selbst gefundenen und verarbeiteten Schätze lässt alle Pilzliebhaber-Herzen höherschlagen.

PILZE – EIN WAHRES SUPERFOOD

Bevor es nun mit dem Schnippeln und Brutzeln losgeht, werfen wir einen genaueren Blick auf die Zusammensetzung dieser wertvollen Lebensmittel. Was steckt eigentlich im Pilz? Als Erstes kommt einem sicherlich sofort der hohe Wasseranteil von über 90 % in den Sinn. Aber woraus besteht eigentlich der Rest?

Unbestritten – und in vielen internationalen Studien nachgewiesen – ist jedenfalls das breite Spektrum an gesundheitsfördernden Wirkungen verschiedenster Pilzarten. Während Pflanzen eine antioxidative Wirkung mit ihren Flavonoiden, Phenolen etc. vorweisen können, sind im Reich der Pilze vorwiegend spezielle Polysaccharide (Mehrfachzucker) für einen wohltuenden Effekt auf den menschlichen Körper verantwortlich. Ein Überblick über ihre beeindruckenden Eigenschaften:

- Pilze eignen sich sowohl für vegetarische als auch vegane Kost. Noch besser: Sie sind der perfekte Fleischersatz. Fantastisch, oder?

- Im Gegensatz zu Fleisch und Fisch enthalten sie ...
  ... sehr wenig Purine, die zur Harnsäurebildung beitragen und insbesondere bei Gichterkrankungen zur Verschlechterung von Gelenksschmerzen führen.
  ... nur wenig Natrium, das sich negativ bei Bluthochdruck auswirkt.

- Mit einem Kaloriengehalt von rund 20–30 Kcal pro 100 g passen sie hervorragend in jeden Diätplan. Zusätzlich sorgen sie durch ihren hohen Ballaststoffanteil für ein anhaltendes Sättigungsgefühl.

- Weil sie einen anderen Stoffwechsel aufweisen, unterscheidet sich auch die Kohlehydratzusammensetzung der Pilze gänzlich von jener der Pflanzen. Das heißt: Sie sind dadurch besser geeignet für Diabetiker. Ihr Zuckergehalt ist ohnehin sehr gering.

- Im Vergleich zu Obst und Gemüse findet man höhere Gehalte diverser Vitamin-B- und Vitamin-D-Varianten in (Kultur-)Pilzen wie Austernseitlingen oder Champignons.

- Pilze enthalten mehr Kalium als viele tierische und pflanzliche Nahrungsmittel. Shiitakes und Pfifferlinge haben zudem hohe Eisengehalte.

- Auch Selen, ein antioxidativer Agent, findet sich in (Kultur-)Pilzen wieder.

- Bezogen auf ihre Trockenmasse sind einige Pilze zudem gute Eiweiß- bzw. Proteinquellen. Allerdings sind ihre Eiweiße leicht abbaubar und können rasch zu einem Qualitätsverlust und potenziellen Gesundheitsrisiko führen (Seite 46).

In feine Scheiben schneiden und ab damit in die Pfanne!

Dank des Geschmacks, der Farben- und Formenvielfalt sowie der unzähligen Verarbeitungsmöglichkeiten dürfen Pilze in keiner Küche fehlen!

Bei aller Sammelfreude: genießen mit Bedacht

Ein wichtiger Hinweis vor dem Genuss: Pilze enthalten einige schwer verdauliche Inhaltsstoffe wie Chitin, Mineralien, Hemicellulose und andere Ballaststoffe, die vor allem für empfindliche Mägen eine Herausforderung darstellen können. Hinzu kommt eine regional problematische Schwermetallbelastung einiger Pilzarten (Seite 114 und 87). Es gilt also, nicht zu große Pilzmengen in kurzer Zeit zu sich zu nehmen. Die WHO empfiehlt einen Verzehr von lediglich 250 g pro Person und Woche. Diese Menge sollte von uns als Richtwert betrachtet werden. Da es ohnehin schwierig ist, das ganze Jahr über Woche für Woche 250 g frische Waldpilze zu finden, ist die eine oder anderen Überschreitung zur Hauptsaison durchaus nachvollziehbar und auch gesundheitlich vertretbar.

Mehr Sorgfalt ist im Umgang mit Pilzen und Alkohol gefragt. Die Kombination aus schwer verdaulichen Pilzspeisen und alkoholischen Getränken ist für den Körper eine Belastung und sollte vermieden werden. Besondere Vorsicht gilt beim Verzehr von Tintlingen (Seite 126) und Flockenstieligen wie Netzstieligen Hexenröhrlingen (Seite 89). Wenn du diese Pilzarten verspeist, solltest du sogar einige Tage davor und danach auf Alkohol verzichten, um auf Nummer sicher zu gehen! Spitze Zungen könnten das sogar als weiteren gesundheitsfördernden Effekt ansehen …

Vorsicht ist auch beim Parasol geboten, der ebenso zu den schwer verdaulichen Pilzen zählt. Hier ist außerdem die Bestimmung wichtig: Seine Verwechslungspartner, beispielsweise der Spitzschuppige Schirmling, sind in Kombination mit Alkohol giftig (Seite 125).

Grundsätzlich gilt für alle Pilzgerichte und Zubereitungsarten:

- den Pilz in kleine Stücke schneiden
- ausreichend erhitzen (mind. 80 °C) und unbedingt durchgaren (mind. 15–20 Minuten)

Champignons, die in Zivilisationsnähe wachsen, solltest du besser nicht mitnehmen.

HEIMKOMMEN UND LOSLEGEN: DIE PILZVERARBEITUNG

Als fleißiger Pilzsammler kannst du dich nach deiner Ankunft zuhause nicht auf deinen Lorbeeren (den Pilzen) ausruhen. Jetzt fängt die Arbeit erst so richtig an!

Messer anlegen und Pilze putzen

Das Putzen ist ein nicht zu vernachlässigender Zeitfaktor – wenn man nicht schon wie mein Vater vor Ort gründlich putzt. An Pfifferlingen haftet beispielsweise oft noch einiges an Erde, Sand versteckt sich in Morcheln, Kleinstgetier in Lamellen von Täublingen, oder es kleben Blätter auf Steinpilzen.

Als ersten Schritt breitest du deine Funde also vorsichtig auf dem Arbeitstisch deiner Wahl aus. Es folgt ein Qualitätscheck. Pilze, die den Transport nicht überstanden haben oder jetzt auf den zweiten Blick doch nicht mehr so frisch aussehen, kannst du noch aussortieren. Das ist insofern wichtig, als schlechte Exemplare die Qualität der guten Pilze bei gemeinsamer Lagerung enorm beeinträchtigen können. Also: Wenn du einen zu alten oder zu matschigen Pilz mit anderen zusammen in den Kühlschrank legst, verderben sie alle viel schneller. Besser ist es, du inspizierst deinen Fund zuhause noch einmal genau und sortierst die Mängelexemplare vor der Lagerung aus.

Sind am Ende nur mehr die besten Pilze übrig, kann es mit dem Putzen losgehen. Hier gibt es verschiedene Methoden. Viele Pilzsammler verwenden zur Reinigung Wasser. Sie spülen die Pilze ab oder baden sie sogar regelrecht. Das ist aus meiner Sicht nicht notwendig. Pilze nehmen leicht Wasser auf, saugen sich bei allzu langen Duschen voll und verwässern im Geschmack. Ich empfehle das Waschen nur bei Pilzen, die von Natur aus leicht „Schmutz" anziehen. Dazu gehören Morcheln (Seite 82), Pfifferlinge (Seite 112), Samtfußrüblinge (Seite 146) und besonders die Krause Glucke (Seite 132), die in ihren unzähligen Windungen allerlei Mitbringsel und Untermieter versteckt.

Die Krause Glucke muss aufgrund ihrer Wuchsform meist kurz abgespült werden, um etwaige Untermieter loszuwerden. Du siehst aber, dass sofort einiges an Wasser aufgesogen wird!

Bei größeren oder wenig verschmutzten Pilzen reicht eine Säuberung mit dem Messer und/oder mit einem Pinsel, um feine Reste, in Lamellen beispielsweise, zu entfernen. Das geht so: Als Erstes nimmst du einen großen feinen Pinsel zur Hand und bürstest die Pilze vorsichtig. So kannst du alles, was trocken am Pilz haftet und leicht lösbar ist, also zum Beispiel Erde und andere Partikel, entfernen. Als Zweites verwendest du ein geeignetes Pilzmesser bzw. ein kleines Messer mit nach unten gebogener Klinge. Damit schneidest du etwas hartnäckigere Stückchen oder auch madige Teile weg. Mit dem richtigen Messer kannst du genau arbeiten und nichts wird verschwendet.

Abschließend: Eine ausgiebige Pilzdusche ist in vielen Fällen somit überflüssig. Ein noch intensiveres Geschmackserlebnis lässt grüßen!

Sämtliche Erde und weitere „Verschmutzungen" sollten am besten gleich vor Ort per Messer entfernt und im Wald zurückgelassen werden.

Ein professionelles Pilzmesser inklusive Bürste erleichtert das Entfernen feinerer Verunreinigungen durch Laub, Nadeln, Erde oder sonstiger Anhängsel wesentlich.

Wie du die Pilze am besten lagerst

Die Haltbarkeit aller Pilzarten wird maßgeblich von den Wetterbedingungen der Tage vor dem Sammeln beeinflusst. Pilze funktionieren ähnlich wie Schwämme: saugen Feuchtigkeit auf und speichern sie. Leider reduziert diese Eigenschaft massiv deren Qualität und Lagerfähigkeit. Wenn du also kurz nach einem intensiven Regen auf Pilzjagd gehst, sei dir bewusst, dass du die gefundenen Schätze umgehend verarbeiten musst – es kann passieren, dass sie ansonsten nicht einmal eine Nacht überleben. Zusätzlich ist es bei sehr feuchten Bedingungen besser, nur junge und wirklich feste Pilze mitzunehmen. Diese sind weniger anfällig, beim Transport zu Schaden zu kommen. Wer möchte schon mit einem matschigen Haufen als Ausbeute aus dem Wald zurückkommen?

Ein Blick auf die Inhaltstoffe von Pilzen erklärt zudem deren geringe Haltbarkeit. Im Gegensatz zu Obst und teilweise Gemüse, das sich durch erhöhte Säuregehalte auszeichnet und damit auf natürliche Weise das Wachstum von Bakterien eine Zeit lang unterdrückt, sind Pilze pH-neutral und daher dem natürlichen Verfall schneller ausgeliefert. Beim Abbau von Pilzeiweiß und dessen Vorläuferstoffen kommt es zur Bildung mehrerer gesundheitsschädlicher Stoffwechselprodukte. Deshalb ist die richtige Lagerung und der Verzicht auf ältere Pilzexemplare (Seite 46) unbedingt notwendig, um Pilze sicher genießen zu können.

Auch bei den Pfifferlingen gilt: Nur, was jung und knackig ist, wird weiterverarbeitet.

Frisch geputzt ist halb gewonnen: Nur frische Exemplare sollten eingekühlt werden.

Manchmal fehlt nach einem anstrengenden Ausflug in den Wald die Energie, um noch weiter über das Putzen hinauszugehen (letztes sollte auf jeden Fall noch passieren). Werden die Pilze also nicht gleich in der Pfanne gebrutzelt, müssen sie im Kühlschrank zwischengelagert werden. Gerade größere, „ausgewachsene" Pilze (unabhängig von der Pilzart) sind nach einer ungekühlten Nacht unbrauchbar – und können zu einem Gesundheitsrisiko werden. Jetzt wird noch klarer, warum es Sinn macht, nicht über den Eigenbedarf hinaus zu sammeln (Seite 70). Wer beim Sammeln schon weiß, wie viel Platz sein Kühlschrank und Gefrierfach bieten, ist klar im Vorteil.

Auch eingekühlte Pilze sollten alsbald weiterverarbeitet werden. Findet sich am nächsten, übernächsten Tag immer noch keine Zeit, musst du auf jeden Fall laufend kontrollieren, ob sich die Pilzqualität verändert: Achte dabei auf Veränderungen im Geruch, Aussehen, in der Konsistenz und im Madenbefall. Im Zweifelsfall muss alles komplett entsorgt werden. So weit soll es natürlich gar nicht erst kommen! Länger als zwei Tage sollten Pilze also auch gekühlt nicht aufbewahrt werden.

DAS GANZE JAHR LANG PILZE GENIESSEN: HALTBARMACHEN

Hat dich die Pilzsaison reichhaltig beschenkt, deinen Speiseplan eine Zeit lang dominiert oder möchtest du schlicht eine Reserve für schlechte Zeiten anlegen? Hier findest du vier Varianten, mit denen du dafür sorgen kannst, dass deine Pilz-Vorratskammer immer gefüllt ist!

Mmmh ... diese Pilze warten nur darauf, getrocknet oder eingelegt zu werden.

Universal einsetzbar: getrocknete Pilze

Wer schon einmal getrocknete Pilze gekauft oder einen Blick auf deren Preisschilder geworfen hat, weiß, wie wertvoll die Schätze des Waldes wirklich sind. Wie beim Sammeln gilt auch beim Verarbeiten: Selbst gemacht ist immer noch am besten!

Nicht alle Pilze eignen sich zum Trocknen. Zudem macht es nur Sinn, wenn eine ausreichende Menge an Pilzen vorhanden ist. In den meisten Fällen gehen nämlich mehr als 90 % des ursprünglichen Gewichts verloren. Wenn du deine Pilze trocknen möchtest, kannst du dich zwischen dem Trocknen an der Luft oder im Ofen bzw. im Dörrapparat entscheiden.

Pilze an der Luft zu trocknen erfordert ausreichend Platz sowie idealerweise einen sonnigen, hellen Standort, der die bessere Trocknung fördert. Je nach Witterung kann das einige Tage dauern. Im Freien zu trocknen ist eine gute Methode für heiße Sommertage – allerdings sollte man hierbei den Wind nicht unterschätzen. Sobald einiges an Wasser aus den Pilzen entwichen ist, reicht ein einzelner Windstoß, um die hart erarbeitete Ausbeute im Garten oder am Balkon großräumig zu verteilen.

Schön auseinandergelegt, ohne dass sich die einzelnen Scheiben untereinander berühren, trocknen sämtliche Pilzarten an einem sonnigen Plätzchen in meinem Wohnzimmer vor sich hin. Diese einfache Methode hat sich am besten bewährt!

Wer dem vorbeugen möchte und witterungsunabhängig trocknen will, nutzt den nächstgelegenen Ofen oder Dörrapparat. Mit dieser Methode kann man jeden Pilz trocknen. Allerdings braucht man hierfür ein wenig Geduld: Ein durchschnittlicher Trocknungsgang bei empfohlenen schonenden Temperaturen um die 50 °C dauert mehrere Stunden. Am besten trocknest du deine Pilze für mindestens drei Stunden, gern auch länger.

Die Vorbereitung vor dem Trocknen ist unabhängig von der Methode gleich. Als Erstes müssen die vorgesäuberten Pilze (Seite 154) in dünne Scheiben geschnitten werden. Hier gilt: je dünner, desto besser. Feine Scheiben trocknen schneller und komplett durch. Vor allem, wenn man an der Luft trocknet, ist dieser Schritt entscheidend. Dickere Stücke trocknen schlechter ab und faulen bei feuchten Bedingungen schneller, was die ganze Arbeit zunichtemachen kann.

Um die wenigen Millimeter dünnen Stückchen abzuschneiden, benötigst du ein wirklich scharfes Küchenmesser. Stumpfe Klingen zerreißen oder zerquetschen das empfindliche Pilzgewebe. Zudem sollten die Pilze keine Feuchtigkeit durch Regen oder eine Pilzdusche angesogen haben. Nur die besten Pilze dürfen weiterverarbeitet werden. Verwendest du zu alte Pilze, die durch weiches, feuchtes Gewebe gekennzeichnet sind, oder zu stark von Maden befallene Pilze, kann sich das schnell negativ auf die ganze Ladung auswirken. Vor allem Maden können sich rasch durch den gesamten Sammelvorrat fressen oder zumindest dessen Verfall beschleunigen.

Abseits dieser gängigen Methode kannst du auch versuchen, kleinere fragile Pilze wie Totentrompeten, Trompeterpfifferlinge oder Prachtbecherlinge als Ganzes zu trocknen. Bei entsprechend langer Luft- oder Ofentrocknung kannst du ebenfalls ganze Steinpilz- und Röhrlingshüte trocknen – hierfür eignen sich maximal handflächengroße Hüte, die am besten nochmals in der Mitte halbiert werden. Sie sollten unbedingt madenfrei sein!

Fertig getrocknet sind Pilze, wenn sie einen klar spröden Zustand erreicht haben, sich nicht mehr verbiegen lassen und unter Krafteinwirkung leicht brechen. Ist dies der Fall, solltest du sie an einem dunklen, kühlen Ort lagern. Da sich Motten gern in getrocknete Pilze einnisten und sich dort vermehren, sollte man unbedingt auf eine möglichst luftdichte Lagerung achten. Am besten eignen sich eignen hierfür Einmachgläser mit Schraubverschluss, Bügel oder Gummiring. Ein regelmäßiger Kontrollblick schadet nicht. Auf diese Weise kann man seine Schätze über Jahre haltbar machen und jederzeit verwenden.

Bei reiferen Pilzen, hier erkennbar an den dunkelgrünen Röhren, gilt besondere Vorsicht. Überprüfe sie vor der Verarbeitung auf etwaige schimmlige Stellen, Madenbefall und ungewöhnlichen Geruch.

Die getrockneten Pilze sollten luftdicht verschlossen sowie kühl und trocken gelagert werden.

Abseits von Steinpilzen sind auch getrocknete Pfifferlinge ...

... getrocknete Knoblauchschwindlinge ...

Getrocknete Pilze eignen sich hervorragend zum Verfeinern von Suppen, für die Zubereitung von Pilzsaucen, Fonds, Risottos oder verschiedenen Pastagerichten. Vor der Weiterverarbeitung legst du die getrockneten Pilze einfach für einige Minuten in etwas lauwarmes Wasser ein. So erlangen sie eine weichere, besser bekömmliche Konsistenz. Mit dieser Methode kannst du, sofern du ausreichende Mengen eingetrocknet hast, das ganze Jahr über köstliche Pilzgerichte genießen.

... getrocknete Purpurleistlinge ...

Der Klassiker unter den getrockneten Pilzen ist wenig überraschend der Steinpilz. Er lässt sich gut verarbeiten, behält annähernd seine Form und nimmt diese auch nach einem Wasserbad wieder an. Dennoch, eine klare Empfehlung: Experimentiere mit verschiedenen Pilzen und bereichere so deine Vorratskammer auch mit anderen Arten und Geschmäckern. Die Aromenvielfalt ist wirklich beeindruckend und du kannst mit einfachen Mitteln tolle Lebensmittel herstellen, die es nirgends zu kaufen gibt. Getrocknete Pilze sind außerdem hervorragende Geschenkideen! Auch die zugehörige Sammelgeschichte kannst du beim Überreichen des Geschenks gleich zum Besten geben.

... und getrocknete Krause Glucken auf jeden Fall ein Muss für deine Pilz-Vorratskammer.

Unvergleichlich würzig: Pilzpulver

Wenn du einen Schritt weiter gehen möchtest, dein Gewürzregal um einzigartige Spezialitäten erweitern oder schlichtweg Platz sparen willst, verarbeite die getrockneten Pilze weiter zu Pilzpulver. Hierzu kannst du jede beliebige in diesem Buch vorgestellte Pilzart ausprobieren. Bei dieser Methode sollte das Pilzmaterial besonders gut durchgetrocknet sein. Nur so hält es einige Monate (bis sogar Jahre!). Mehrere Stunden im Ofen oder Dörrapparat sind zu empfehlen. Danach kann das Material am besten in einem elektrischen Mörser oder in einer Mühle zu Pulver gerieben werden.

Nicht vergessen: Pilze sollten nicht roh konsumiert werden. Das heißt: Auch das Pilzpulver muss vor dem Verzehr (mit-)erhitzt werden.

Geschmackswunder: eingelegte Pilze

Eine weitere beliebte Methode, um das ganze Jahr in den Genuss vieler Pilzgerichte zu kommen, ist das Einlegen. Du kannst dein wertvolles Sammelgut dabei ins Öl- oder Essigbad schicken. Am besten eignen sich dafür jung gebliebene und handliche Pilze. Bedenke: Alles muss in ein Einmachglas passen. Während du die Pilze so einige Monate lang lagern kannst, solltest du sie nach dem Öffnen aber in wenigen Tagen aufbrauchen.

Zutaten:

1 kg saubere Pilze deiner Wahl
(Tipp: Experimentiere mit verschiedenen Mischungen!)
1/2 l Weinessig (5 %)
ca. 250 ml Wasser (1 Glas)
1 EL Salz
1/2 Zwiebel
2 Knoblauchzehen
2 Lorbeerblätter
Gewürze wie Pfeffer, Senf, Rosmarin, Ingwer nach Geschmack

Zubereitung:

Alle Zutaten außer den Pilzen in einem Topf vermengen und aufkochen. Die Pilze klein schneiden, zugeben und 10–15 Minuten in dem Sud mitkochen. Nicht erschrecken: Die Pilze büßen bei diesem Vorgang fast die Hälfte ihrer Ausgangsgröße ein.

Die Utensilien zum Einlegen vor Verwendung sterilisieren: Eine Schöpfkelle und die benötigten Einmachgläser für einige Minuten in kochendes Wasser geben. Mit einem Kochlöffel oder einem Geschirrtuch aus dem Wasser heben, auf Geschirrtüchern trocknen und abkühlen lassen.

Einlegen in Essig: Die durchgegarten Pilze mit dem sterilen Schöpfer aus dem Sud heben und in die Gläser füllen. Die Flüssigkeit auskühlen lassen und die Gläser damit bis zum Deckelrand aufgießen.

Einlegen in Öl: Die Pilze abseihen, in die Einmachgläser geben und auskühlen lassen. Zum Schluss mit hochwertigem Olivenöl aufgießen. Um Lufteinlagerungen zu vermeiden, am besten etappenweise einfüllen: wenige Pilze in das Glas geben, wenig Öl hinzufügen und sanft umrühren. Diesen Vorgang wiederholen, bis das Glas gefüllt ist.

Richtig verschlossen und sauber verarbeitet hast du so für mehrere Jahre deine eigenen Delikatessen gezaubert! Die eingelegten Pilze unbedingt kühl und trocken lagern.

Jetzt wird's eisig: Pilze einfrieren

Zwei Varianten haben sich bewährt, wenn du deine Pilze längerfristig in dein Gefrierfach verfrachten möchtest:

Die einen schwören auf ein kurzes, kräftiges Erhitzen von Pilzen vor dem Einfrieren, um sie später nach Lust und Laune weiterverwenden zu können. Hierzu die geputzten Pilze in einer Pfanne bei maximaler Temperatur ohne Zugabe von Öl erhitzen und regelmäßig umrühren. Während des Vorgangs tritt das Wasser aus den Pilzen aus und bildet eine Art Pilzgulasch. Die Masse weiter erhitzen, bis sie köchelt und nach einer kurzen Abkühlphase portionsweise in Gefrierbeutel oder Plastikbehälter abpacken und einfrieren. Die Haltbarkeit beträgt rund sechs Monate. Mit dieser neutralen Verarbeitungsform kann man die entstandene Pilzmasse nach Belieben weiterverarbeiten.

Wer etwas weniger Aufwand bevorzugt, schneidet die rohen Pilze in kleine, mundgerechte Stückchen und friert diese ohne weitere Bearbeitung ein. Für diese Methode sind nur ganz frische Pilzexemplare zu empfehlen.

Obwohl mir hier vielleicht einige widersprechen werden: Für mich eignen sich Pfifferlinge beispielsweise nicht zum Einfrieren, da sie nach dem Auftauen etwas bitter schmecken. Zudem muss man sich bewusst sein, dass die Pilze nach dem Einfrieren ihre Konsistenz komplett einbüßen – Bissfestigkeit ade! Nach der Weiterverarbeitung solltest du deine TKKMP (Tiefkühlkost mit Pilzen) gleich verspeisen und keinesfalls wieder einfrieren oder anderweitig einlagern.

Egal, für welche Methode du dich entscheidest: Es gilt, die gefrorenen Pilze nicht erst an der Luft langsam auftauen zu lassen, sondern alsbald unter Hitze weiterzuverarbeiten.

Darf man das? Pilzgerichte aufwärmen

Wer kennt das nicht – ein toller Pilzfund, schnell in großer Menge zubereitet und genossen – aber die Augen waren zu groß. Wohin mit dem Rest der Köstlichkeiten? Die Lösung lautet: umgehend einfrieren und spätestens nach zwei Monaten aufessen. Oder: Ab in den Kühlschrank damit und spätestens am nächsten Tag aufessen. Für beide Fälle gilt: Wärme ein Pilzgericht nur einmal auf und denk immer daran, es gründlich zu erhitzen (Seite 153)!

SO SCHMECKEN PILZE: ZUBEREITUNGSVARIANTEN

Drei Varianten bieten sich für die Verarbeitung von Pilzen besonders gut an. Auf dem Grill können viele der gesammelten Köstlichkeiten ihr bestes Aroma entfalten. Das Dünsten ist vor allem bei weichen Pilzen die erste Wahl. Panierst du dein kostbares Sammelgut, kannst du es in knusprige Hauptgerichte und Snacks verwandeln. Welche Pilze sich wofür eignen, erfährst du bei den jeweiligen Zubereitungsmethoden. Na, welche Variante ist dein Favorit?

Grillen – im Feuer geschmiedet: ein saftiges Pilzsteak

Unbestritten meine liebsten Zubereitungsart: das Grillen von Pilzen – das im Übrigen stark unterschätzt wird! Der Grillaufwand lohnt sich definitiv und die Zubereitung der Pilze ist denkbar einfach. Entscheidend für den optimalen Genuss sind die Wahl des passenden Grillguts sowie der richtigen Marinade.

Zutaten pro Person:

250 g Pilze nach Wahl
3 EL Pflanzenöl
1 Knoblauchzehe, gepresst
2 TL Paprikagewürz
1 TL Schweinebratengewürz (alternativ: eine Mischung aus etwas Salz, Pfeffer, Kümmel, Koriander und Zwiebelpulver)
Passende Beilagen: gegrillte Paprika, Tomaten sowie Bratkartoffeln

Zubereitung:

Die Pilze in schön gleichmäßige, fingerdicke Stücke schneiden – sind sie zu dünn, brennen sie zu schnell an, sind sie zu dick, garen sie nicht genügend durch. Alle weiteren Zutaten zu einer Marinade vermischen und die Pilzsteaks damit bestreichen. Auf den Grill legen, für einige Minuten brutzeln lassen, Garpunkt überprüfen, fertig – ein echtes Geschmackserlebnis!

Hier eine Liste mit Pilzen, die gegrillt grandios schmecken – und anderen Geschmackswundern, die sich aber besser zum Dünsten eignen:

Ab auf den Grill mit uns:

› Sämtliche größere Röhrlinge
› Semmelstoppelpilze (mein Favorit)
› Schweinsohren/Purpurleistlinge
› Brätlinge

Wie landen lieber in der Pfanne:

› Schopftintlinge (zu weich für den Grill)
› Täublinge (zu spröde für den Grill)
› Totentrompeten (zu dünnfleischig für den Grill)
› Krause Glucken (ungeeignete Form)

Tipp: Diese Zubereitungsart eignet sich ebenfalls hervorragend als Grundlage für einen saftigen Pilz-Burger! Einfach die gegrillten und vor Aroma strotzenden Pilzsteaks als Burger-Patty verwenden, Beilagen zugeben, etwas Barbecue- oder Salsa-Sauce dazu und voilà – ein Pilzgenuss, den du so sicher noch nicht erlebt hast!

Vorbereitung ist alles – mit der richtigen Marinade holst du das Optimum an Geschmack aus jedem Pilz.

Ab auf den Grill – nur ausreichend dicke und große Stücke sollten aufs Feuer.

Achtung heiß – Pilzsteaks sind bereits nach wenigen Minuten gut durchgegart ...

... und brennen leicht an, daher ist besondere Vorsicht geboten, um den idealen Zeitpunkt zu erwischen. Tolle Röstaromen mit einzigartigem Pilzgeschmack sind die Belohnung.

Dünsten – ab in die Pfanne

Diese auf den ersten Blick einfache und etwas unspektakuläre Zubereitungsart darf auf keinen Fall unterschätzt werden. Wenn du den „echten“, reinen Geschmack einer Pilzart entdecken möchtest, ist dies der beste und einfachste Weg dazu.

Zutaten pro Person:

ca. 200 g Pilze nach Wahl
ca. 15 g Butter (alternativ: 1–2 EL Pflanzenöl)
1/2 Zwiebel, fein geschnitten
etwas Petersilie
etwas Salz
Gewürze nach Belieben

Passende Beilagen: Grillgemüse, Nudeln, Reis, Semmelknödel, Brot oder Salat

Zubereitung:

So wird's gemacht: Die Pilze in kleine Stücke schneiden – je feiner sie geschnitten sind, desto besser und schneller sind sie durchgegart. Butter oder Öl in einer Pfanne erhitzen und die Zwiebel darin anschwitzen. Die Pilze zugeben und nach einigen Minuten auf höchster Stufe die Temperatur reduzieren. Nach insgesamt 15–20 Minuten hat sich der Pfanneninhalt halbiert. Was übrigbleibt: Pilzgeschmack pur! Zum Würzen reicht meist eine Prise Salz. Experimentierfreudige können sich hier natürlich austoben – aber auch in „Reinform“ wirst du dich wundern, welche Geschmackserlebnisse auf dich warten. Ein weiterer Pluspunkt: Für diese Methode ist prinzipiell jeder Speisepilz geeignet.

Meine gedünsteten Favoriten sind:

Platz 1 ist mit großem Abstand zu den anderen einem ganz speziellen Pilz vorbehalten – der Krausen Glucke.

Platz 2 erobern die Schopftintlinge, trotz ihrer sehr weichen Konsistenz überzeugt ihr fabelhafter Eigengeschmack.

Platz 3 geht an die Totentrompeten, die allein schon durch ihre schwarze Farbe für Abwechslung auf dem Teller sorgen, aber auch geschmacklich voll überzeugen.

Trotz der wenigen Zutaten und einfachen Zubereitung können gedünstete Pilze so manchem Gourmetgericht Konkurrenz machen. Hier sieht man Schweinsohren, duftende Leistlinge, Semmelstoppelpilze und Steinpilze – beim Dünsten können sie alle ihren individuellen, besonderen Geschmack entfalten.

Panieren – der Klassiker unter den Zubereitungsarten

Besonders zur Herbstzeit findest du sie in jedem noch so kleinen Restaurant: panierte Pilze. Auch wir wollen in diesen besonderen Genuss kommen!

Zutaten pro Person:

250 g Pilze nach Wahl
100 g Mehl
2 Eier
100 g Paniermehl
1 Prise Salz
1 Prise Pfeffer
reichlich Öl (hoch erhitzbares Pflanzenöl)

Passende Beilagen: klassischerweise Kartoffelsalat und Sauce tartare

Zubereitung:

Zu Beginn die Pilze putzen (nicht waschen!) und in beliebige Stückchen schneiden. Mehl, aufgeschlagene Eier und Paniermehl in je eine Schüssel geben. Die Eier mit Salz und Pfeffer verquirlen. Dann kann das Panieren losgehen: Die Pilzstückchen erst in Mehl wenden, dann in die Eiermischung tauchen und zum Schluss im Paniermehl wälzen. Wer noch mehr Panade möchte, kann die letzten beiden Schritte wiederholen. Reichlich Öl (rund 2–3 cm hoch) in eine Pfanne geben und erhitzen. Die panierten Pilze in das heiße Öl legen und einige Minuten darin ausbacken. Die empfohlene Garzeit von 15–20 Minuten kann hier oft nicht eingehalten werden. Die Pilze werden durch die starke Hitze aber etwas schneller gar – bitte trotzdem genau überprüfen, ob sie durchgegart sind und die Pilze stets dünn oder klein schneiden.

Unter den panierten Pilzen gibt es abseits der klassischen Varianten vieles zu entdecken! Probiere einmal folgende Varianten aus:

- Verwende nicht nur Steinpilze, Parasole und Champignons. Täublinge, Reizker oder ganze Pfifferlinge sind eine willkommene geschmackliche Abwechslung.

- Füge eine Prise selbstgemachtes Pilzpulver zur Panade hinzu, indem du es mit dem Paniermehl vermischst, und verstärke somit den Pilzgeschmack.

- Experimentiere mit den Formen. Dünn geschnittene Steinpilzstiele kannst du panieren und als „Pilzchips" deinen Gästen servieren. Ein echtes Erlebnis! Schneidest du größere Pilze längs, kannst du eigene Pilzsticks kreieren und hast damit eine perfekte Beilage oder einen Snack für zwischendurch.

Der Kreativität sind keine Grenzen gesetzt! Probiere dich durch die verschiedensten Pilze und Zubereitungsmöglichkeiten – und entdecke deine Lieblingskombi!

Für den großen Hunger – ein ganzer Parasol-Hut ergibt ein echtes Riesenschnitzel. Aber Vorsicht: Der Verzehr von zu vielen panierten Pilzen hat schon so manchen Magen verstimmt – also lieber mit Bedacht zugreifen.

Ist der Appetit erst einmal geweckt, gibt es kein Halten mehr. Diese selbstgemachten Köstlichkeiten, die du in keinem Restaurant finden wirst, haben keine lange Überlebensdauer!

LUST AUF MEHR? REZEPTIDEEN FÜR FABELHAFTEN PILZGENUSS

Zum Abschluss möchte ich meine Lieblingsrezepte mit dir teilen. Darunter finden sich unsere beliebtesten Familienrezepte aus dem mittlerweile fast 80-jährigen Erfahrungsschatz meiner Großmutter – sowie einige weitere Spezialitäten aus meinem Fundus.

Das einzig wahre Pfifferlingsgulasch

Für alle, die es gern deftiger mögen: Ein vegetarisches Gulasch, das dem Original um nichts nachsteht. Lass es dir schmecken!

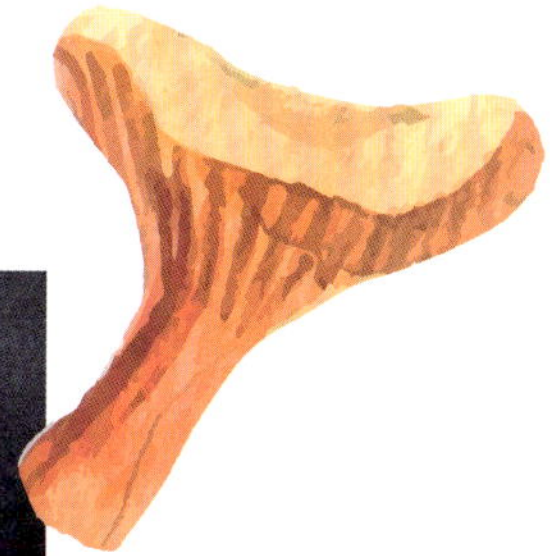

Ein wunderbar herzhaftes Gericht: das Pfifferlingsgulasch.

Zubereitungszeit: 30–45 Minuten

Zutaten für 4 Portionen:

3 große Zwiebeln
2 EL Schmalz (oder Butter bzw. Pflanzenöl)
500–600 g frische Pfifferlinge
2 Knoblauchzehen, gepresst
1 Prise Kümmel
1 Prise Majoran
1 EL Tomatenmark
1 Gulaschsaft-Würfel (alternativ: eine Gewürzmischung aus Salz, Pfeffer, Zucker, Majoran, Kümmel und Cayennepfeffer)
1 EL süßes Paprikapulver
1/2 EL scharfes Paprikapulver
optional: ca. 125 ml Wasser (1/2 Glas)
evtl. etwas Salz

Passende Beilagen:
Semmelknödel, Reis oder Weißbrot

Zubereitung:

Die Zwiebeln ganz fein schneiden und in einer Pfanne im zerlassenen Schmalz anrösten, bis sie leicht braun werden. Inzwischen die geputzten Pilze in einem Sieb ganz kurz abduschen, um feine Schmutzreste zu beseitigen. Anschließend je nach Wunschgröße zerkleinern und zu den Zwiebeln geben und den Knoblauch daruntermischen. Bei mittlerer Hitze köcheln, bis die Pilze ordentlich Wasser verloren haben. Nun die Gewürze und den Gulaschsaft-Würfel nacheinander zugeben und umrühren. Den Topf zudecken, Hitze reduzieren und das Gulasch mindestens 15–20 Minuten vor sich hin köcheln lassen, sodass sich die Aromen richtig gut verbinden können. Gelegentlich umrühren, damit nichts anbrennt. Wer mehr Sauce mag, kann nach dem Würzen 1/2 Glas Wasser zugeben. Vor dem Servieren noch einmal mit Salz nachwürzen. Lass es dir schmecken!

Diese prallen Steinpilzhüte wandern bald in die Sauce.

Ein Knödel in dicker, sämiger Pilzsauce – das schmeckt einfach phänomenal!

Steinpilzsauce nach Omas Art

Dieses wunderbare Gericht wird in meiner Familie seit Jahrzehnten zubereitet. Wer gerade keine Steinpilze gefunden hat, kann genauso gut andere Röhrlinge verwenden – geschmacklich gibt es so gut wie keinen Unterschied. Ein geniales, einfaches Rezept – und ein richtiges Geschmackswunder!

Zubereitungszeit:
ca. 30 Minuten

Zutaten für 4 Portionen:

500 g Steinpilze oder andere Röhrlinge (z. B. Hexenröhrling, Hainbuchen-Röhrling, Rotkappe, Maronenröhrling)

1 Handvoll Petersilie, fein geschnitten
1 Prise Kümmel, ganz oder gemahlen
ca. 375 ml Wasser (1 1/2 Tassen)
2–3 EL Schmalz (oder 2 EL Butter)
2 EL Mehl
1–2 Lorbeerblätter
etwas Salz
etwas Pfeffer
optional: 1 Schuss Sahne

Passende Beilage:
klassischerweise Semmelknödel

Zubereitung:

Zu Beginn die geputzten, ungewaschenen Pilze in dünne, mundgerechte Streifen schneiden. Die Pilze in einem Topf mit Petersilie und Kümmel im Wasser aufkochen, bis sich das Volumen nach ca. 10 Minuten deutlich reduziert und sich die Masse ins Bräunliche verfärbt hat. In der Zwischenzeit die Mehlschwitze (meine Oma nennt sie „Einbrenn") herstellen: Dazu Schmalz oder Butter in einer Pfanne zerlassen, Mehl beimengen und 1–2 Minuten anschwitzen, bis es eingedickt ist. Anschließend unter kräftigem Rühren unter die Pilzmasse mischen. Lorbeerblätter dazugeben und die Sauce bei mittlerer Hitze für weitere 10–15 Minuten köcheln lassen. Dabei kräftig umrühren und am Ende mit Salz und Pfeffer abschmecken. Die perfekte Beilage zu dieser schmackhaften Sauce sind klassischerweise Semmelknödel. Tipp: Einige Schöpfer des Knödelwassers zur Sauce geben.

Alternative Zubereitung:

Wer möchte, kann im letzten Schritt je nach Wunsch einen Schuss Sahne unterrühren. Auch möglich: Zwiebeln und Pilze nicht aufkochen, sondern in Schmalz, Butter oder Öl anbraten und mit Wasser und Sahne aufgießen. Beide Varianten schmecken vorzüglich und sind schnell zubereitet.

„Spilzghetti": Pilze mit Pasta

Der schnelle Klassiker für jede Gelegenheit lässt sich mit fast jedem in diesem Buch vorgestellten Pilz zubereiten. Ob du jeden Geschmack einzeln erkunden möchtest oder verschiedene kombinierst, bleibt dir als Küchenoberhaupt selbst überlassen. Prinzipiell macht es Sinn, besonders geschmacksintensive Pilze wie Krause Glucken, Steinpilze, Pfifferlinge oder Semmelstoppelpilze nicht zu vermischen, um ihre starken Aromen voll auskosten zu können. Für den Fall, dass du nur einzelne Exemplare pro Sorte entdeckt hast, kannst du mit Nudeln ein vorzügliches Mischpilzgericht zaubern.

Zubereitungszeit: 20–30 Minuten

Zutaten für 4 Portionen:

ca. 300–400 g Pilze nach Wahl
2 EL Öl (Pflanzenöl oder Olivenöl)
1 kleine bis mittlere Zwiebel
500 g Spaghetti (oder Fusilli, Tagliatelle …)
ca. 150 g Cocktailtomaten
Oliven nach Belieben
einige Blätter Basilikum
etwas Salz
optional: etwas Butter oder Olivenöl
optional: Tomatensauce und/oder Sahne

Zubereitung:

Die klein geschnittenen Pilze gemeinsam mit der Zwiebel in Öl anbraten. Anschließend mit den gekochten Nudeln vermischen, mit Salz abschmecken und mit Tomaten, Oliven und Basilikum verfeinern. Wer möchte, kann in der heißen Pfanne noch ein zusätzliches Stück Butter schmelzen lassen oder Olivenöl dazugeben und umrühren. Dieses einfache Gericht ist mit geschmacksintensiven Pilzen wie beispielsweise der Krausen Glucke ein echtes Highlight. Wer sich noch mehr Sauce wünscht, kann einen Teil des Nudelwassers, Tomatensauce oder Sahne dafür verwenden. Diese einfach zu den gebratenen Pilzen geben, mit Salz und beliebigen anderen Gewürzen nachwürzen, kurz köcheln lassen, dann erst die Nudeln unterrühren – und fertig ist die Pilz-Pasta.

Pilzschnitzel einmal anders

Bei dieser Variante werden die Pilze vor dem Panieren in Milch eingelegt. Du wirst sehen: Das verleiht ihnen ein wirklich einzigartiges Aroma! An dieser Stelle möchte ich mich bei Frau Prof. Anna Keutgen für den Einblick in eines ihrer liebsten Familienrezepte bedanken.

Zubereitungszeit:
Einweichen: ca. 12 Stunden und
Zubereitung: 30 Minuten

Zutaten:

10 mittelgroße, getrocknete Pilzhüte (meist von Röhrlingen)
ca. 500 ml Milch
2 Eier
etwas Salz
etwas Pfeffer
optional: etwas Knoblauchpulver oder 1 Knoblauchzehe, gepresst
ca. 200 g Paniermehl
ca. 5 EL Öl (hoch erhitzbares Pflanzenöl)
etwas Butter nach Belieben

Passende Beilage:
Salat, Kartoffelbeilage

Zubereitung:

Die getrockneten Pilzhüte in einem kleinen Topf mit Milch übergießen, sodass sie zugedeckt sind, und über Nacht einweichen lassen. Am nächsten Tag die Pilze in der Milch einige Minuten aufkochen, bis sie weich werden. Dabei soll die Milch komplett stocken. Es bildet sich eine quarkartige Masse. Nach dem Kochen die Flüssigkeit abgießen und die Pilzhüte unter fließendem Wasser abspülen, bis sie komplett sauber sind. Danach entweder abtupfen oder in einem Sieb abtropfen lassen. Eier in eine Schüssel aufschlagen, Salz, Pfeffer und optional Knoblauch zugeben und mit der Gabel verquirlen. Die Pilzhüte darin gut eintauchen, dann im Paniermehl wenden und im heißen Öl mit etwas Butter goldbraun von beiden Seiten anbraten. Die Pilze warm oder kalt servieren. Guten Appetit!

Fünf-Schätze-Pilz-Ramen

Wie sagt man so schön – das Beste kommt zum Schluss. Als großer Fan der asiatischen und insbesondere der japanischen Küche, aus der Pilze nicht wegzudenken sind, möchte ich euch diese „Heiße Köstlichkeit" vor allem für die kalte Jahreszeit vorstellen.

Zubereitungszeit:
ca. 45 Minuten

Zutaten:

1 kleines Stück Ingwer
1 Stück Lauch
Die 5 Schätze:
- *Schatz # 1 – eine Handvoll getrocknete Krause Glucke*
- *Schatz # 2 – eine Handvoll getrocknete Röhrlinge/Schweinsohren*
- *Schatz # 3 – eine Handvoll getrocknete Pfifferlinge/Pfifferlingsverwandte*
- *Schatz # 4 – eine „Prise" getrocknete Knoblauchschwindlinge*
- *Schatz # 5– 100 g frische Waldpilze (je nach Jahreszeit)*

Bambussprossen nach Belieben
1,5 Liter Wasser
1 Suppenwürfel oder 1 Würfel Rinderbouillon (28 g)
1 Prise Currypulver
2 bis 3 Knoblauchzehen, gepresst
optional: Hühnerfilets oder Rinderknochen für Fleischliebhaber
1 Portion Suppennudeln oder Glasnudeln pro Person
etwas Sojasauce – nach Belieben einzeln abschmecken

Zubereitung:

Einfacher geht's kaum: Ingwer und Lauch klein schneiden. Gemeinsam mit den getrockneten und frischen Pilzen, Bambussprossen und Wasser in einen großen Suppentopf geben. Suppenwürfel, Rinderbouillon, Currypulver und Knoblauch zugeben und aufkochen lassen. Schon nach wenigen Minuten

wird deine ganze Küche herrlich nach Pilzen duften und dich schlagartig in einen feuchten Herbstwald versetzen. Wer möchte, kann nun das Fleisch oder die Knochen in den Eintopf geben. Bei mittlerer Hitze mindestens 30 Minuten, gerne auch länger, köcheln lassen. Ein paar Minuten vor Ende der Kochzeit die Suppennudeln hinzugeben. Auf tiefen Tellern servieren und individuell mit Sojasauce abschmecken. Fertig ist eine überaus gesunde Geschmacksexplosion. Versprochen!

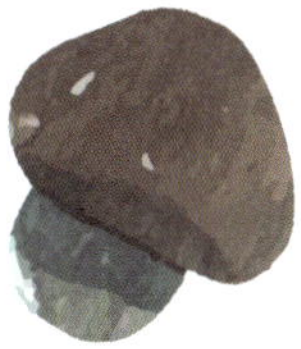

So gut! Das Pilz-Ramen lässt sich einfach zubereiten und schmeckt besonders an kalten Wintertagen, an denen du dich über deine getrockneten Pilzvorräte hermachen kannst!

Das kommt hinein: Getrocknete (und frische) Pilze machen dieses Gericht zu einem Hit!

Du hast noch nicht genug von den Pilzen?

Hier im Anhang findest du Literaturtipps, Quellen, Hinweise, Register … einfach alles, wonach du suchst!

ZUM DURCHBLÄTTERN: NOCH MEHR PILZWISSEN

Hier findest du spannende Werke rund um die Mykologie, nähere Infos zu den einzelnen Pilzarten, weitere Tipps für deine Suche sowie rechtliche Hintergründe zum Sammeln im Wald.

Literaturquellen

Brainerd S., Doornbos S. (2013): EUROPEAN CHARTER ON FUNGI-GATHERING AND BIODIVERSITY. T-PVS/Inf (2013) 26

Egli S., Ayer F. (2006): Pilzsammeln schadet den Pilzen nicht. Eidgenössische Forschungsanstalt für Wald, Schnee und Landschaft WSL, 2006 / 2, SZP/BSM.

Dämon W., Krisai-Greilhuber I. (2016): Die Pilze Österreichs. Verzeichnis und Rote Liste 2016. Teil: Makromyzeten. Österreichische Mykologische Gesellschaft. Wien.

Gerhardt E. (1981): BLV Bestimmungsbuch. Pilzführer – 245 wichtige Speise und Giftpilze in 267 Farbfotos abgebildet und beschrieben. BLV Verlagsgesellschaft München.

Flammer R. (2004): Pilzgenuß mit Folgen: Teil 2. Schweizerisches Medizin Forum 2004, 4, 531-537.

Hans Halbwachs H., Bässler C. (2017): Wo sind die Pfifferlinge vom letzten Jahr geblieben? Einblicke in die Ökologie der Fruchtkörperbildung von Ektomykorrhizapilzen. Zeitschrift für Mykologie 83/1, 2017. Deutsche Gesellschaft für Mykologie.

Lee Y.S., Han J.Y., Joo E.Y., Shin S.R. (2005): Study on the Anti-tumor Effects of Extracts from Lepista nuda Mushroom. Journal of the Korean Society of Food Science and Nutrition 34(3). DOI 10.3746/jkfn.2005.34.3.317

Mattila P.H. (1994): Vitamin D contents in edible mushrooms. Journal of Agricultural and Food Chemistry 42, 2449-2453.

McCook S. (2006): Global rust belt: Hemileia vastatrix and the ecological integration of world coffee production since 1850. Journal of Global History 2006 / 1, pp. 177–195. DOI:10.1017/S174002280600012X

Montag K. (2009): Der Tintling – Die Pilzzeitung. Heft 3/2009. ISSN 1430-595 X.

Murill D., Kovac S., Vetter J. (2015): Chemical Composition of the Mushroom Laepitorus Sulphureus (Bull.). Acta Alimentaria, Vol. 44 (1), pp. 104–110. DOI: 10.1556/AAlim.44.2015.1.10

Outila T.A. (1999): Bioavailability of vitamin D from wild edible mushrooms (Cantharellus tubaeformis) as measured with a human bioassay. American Journal of Clinical Nutrition 69, 95-98.

Sanchez C. (2017): Reactive oxygen species and antioxidant properties of mushrooms. Synthetic and Systems Biotechnology 2, pp. 13-23.

Smith M., Bruhn J., Anderson J. (1992): The fungus Armillaria bulbosa is among the largest and oldest living organisms. Nature 356, 428–431. DOI:10.1038/356428a0

Wang Y., Sinclair L., Hall I.R., Cole A. (1995) Boletus edulis sensu lato: A new record for New Zealand, New Zealand Journal of Crop and Horticultural Science, 23/2, 227-231. DOI: 10.1080/01140671.1995.9513892

NUR EINEN KLICK ENTFERNT: PILZBESTIMMUNG, AUSKUNFTS-STELLEN, VIDEOS …

Auf den folgenden Websites findest du Informatives wie Lustiges, kannst noch tiefer in die Welt der Pilze eintauchen und dich mit anderen darüber austauschen.

Mykologische Gesellschaften im deutschsprachigen Raum, Beratungsstellen, weiterführende Seiten:

Österreich:

https://www.univie.ac.at/oemykges/
Österreichische Mykologische Gesellschaft: Veranstaltungen, Services, Publikationen, etc.

https://www.univie.ac.at/oemykges/services/pilzauskunftstellen-in-oesterreich/
Auskunftsbestimmungsstellen für jedes Bundesland,

http://austria.mykodata.net/
Ein besonders interessantes Feature die ÖMG – hier kannst du kontrollieren, ob es in deiner Gegend nachgewiesene Fundorte der gesuchten Pilzart gibt. Einfach auf „Datenbank-Abfrage" klicken, im Suchfeld den deutschen oder lateinischen Namen eintragen und auf der Karte ins Detail zoomen. So weißt du, ob sich eine Suche nach Pilz X in deiner Gegend lohnt!

Deutschland

https://www.dgfm-ev.de/
Homepage der Deutschen Gesellschaft für Mykologie.

https://www.dgfm-ev.de/service/pilzsachverstaendige
Zeigt die gesammelten Stellen für Pilzsachverständige

Schweiz

http://www.vapko.ch/index.php/de/der-pilzschutz/kantonale-und-kommunale-pilzsammelbestimmungen
Schweizerische Vereinigung amtlicher Pilzkontrollorgane, Pilzrichtlinien je nach Kanton

https://www.wsl.ch/didado/fungusweb2.search_map?sprache_app=D
Nachweis bekannter Fundstellen diverser Pilzarten

Seiten zur Pilzbestimmung, zur Vertiefung der eigenen Kenntnisse und Diskussionsforen:

https://www.123pilze.de/
Alles rund ums Thema Pilze, Synonyme. Lat. Namen, Bilder, Wuchsorte, Verwechslungspartner, Wichtige Hinweise, etc.

Tipp zur Schnellsuche: einfach den Namen inkl. 123, also z. B. Hexenröhrling 123, ins Suchfeld eingeben und die entsprechende Seite erscheint als erstes Ergebnis.

https://www.passion-pilze-sammeln.com/
Hintergrundgeschichten, ein aktueller Pilzticker, Rezepte – kurz: alles, was das Pilz-Herz begehrt.

Lehrreiche YouTube-Kanäle für den deutschsprachigen Raum, die fachkundig und unterhaltsam das ganze Jahr über Pilze vorstellen:

Pilzfreund 71: https://www.youtube.com/channel/UCxQmchpMtisBdH7GjpKiEMQ

Snokri: https://www.youtube.com/channel/UCqzHRqCDLjlm7ZlSdrv2lbQ

Pilzwelten: https://www.youtube.com/channel/UCezNep13jlv8Wrsaxv_saeA

Auf meinen Social-Media-Kanälen kannst du dir weitere Tipps zur Suche und der Verarbeitung sowie zusätzliche Infos zu den einzelnen Pilzarten holen:

Instagram: 4seasonwildfoods

Youtube: Mykohunter365

SCHNURSTRACKS ZURECHTFINDEN? GEHT GANZ EINFACH: ALPHABETISCHES REGISTER

Hier findest du sofort, wonach du suchst: Standort, Lieblingspilz oder Blicktechnik?

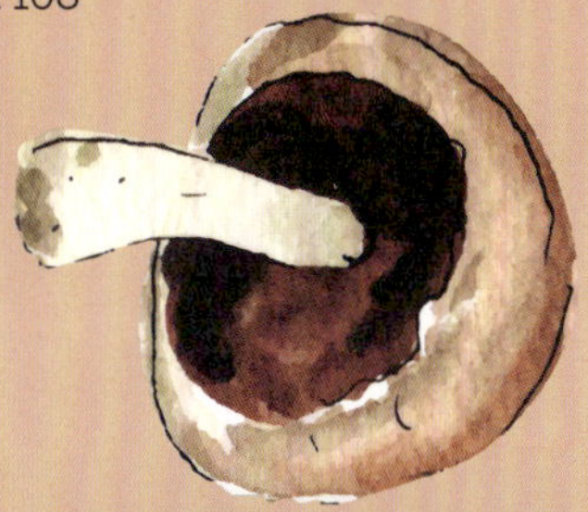

… UND ZUM SCHLUSS EIN GROSSES „DANKE“!

Liebe Leserin, lieber Leser,

ich möchte mich an dieser Stelle noch einmal herzlich bei dir bedanken, dass du dich aus der Vielzahl an Pilzbüchern für dieses entschieden hast. Ich hoffe, die Auswahl an Themen, Pilzportraits, Tipps und Tricks rund ums Handwerk Pilzesammeln sowie mein persönlicher Zugang zu dem gesamten Pilzuniversum haben deine Erwartungen an dieses Buch erfüllt und dein Interesse an diesen unscheinbaren Waldbewohnern geweckt. Ich wünsche dir viel Spaß bei den nächsten Suchgängen, viel Erfolg – und natürlich auch das nötige Glück, um auch wirklich alle angeführten Pilze zu finden. Nicht zuletzt: Einen guten Appetit, wenn du die Köstlichkeiten zubereitet hast – du hast es dir verdient!

Bei euch bedanke ich mich ganz besonders:

In erster Linie möchte ich mich bei Frau Prof. Irmgard Krisai-Greilhuber, Präsidentin der Österreichischen Mykologischen Gesellschaft, für die fortlaufende und fachkundige Unterstützung herzlich bedanken.

Danke an all meine Freunde, dich mich bei so vielen Suchgängen begleitet und mir wichtige Einblicke in relevante Fragen von angehenden Pilzjägern ermöglicht haben. Insbesondere bei Daniel Schwingenschlögl von passion4shootings für tolle Fotos und Videos.

Liebe Familie – Mama, Papa und liebe Omi, euch allen gilt selbstverständlich ein besonderes Dankeschön, ihr habt mich nicht nur durch das gesamte Projekt hindurch, sondern immer, wo es nur ging, unterstützt. Daher möchte ich euch etwas zurückgeben und euch dreien dieses Buch widmen!

Über Stock und Stein,
in Gräben und
Schluchten hinein,
hinweg über Stämme
groß und klein,
den Pilzen auf der Spur –
so muss das sein!

MIX
Paper from responsible sources
FSC® C005108

print 4 climate

CERTIFIED cradle to cradle SILVER
PurePrint® by gugler® drucksinn.at

– produziert nach den Richtlinien des Österreichischen Umweltzeichens, Gugler GmbH, UW-Nr. 609, www.gugler.at

Löwenzahn-Bücher werden auf höchstem ökologischen Standard gedruckt, ausschließlich mit Substanzen, die wieder in den biologischen Kreislauf rückgeführt werden können. Cradle to Cradle™-zertifiziert by gugler*, klimapositiv, auf Papier, das in Österreich produziert wurde, und ohne Plastikfolie, die dein Lieblingsbuch unnötig einhüllt – für unsere Umwelt und unsere Zukunft.

3. Auflage

E-Mail: loewenzahn@studienverlag.at

Internet: www.loewenzahn.at

Konzept: Löwenzahn Verlag/
Christina Kindl-Eisank, Katharina Schaller,
Julia Zachenhofer

Lektorat: Löwenzahn Verlag/
Julia Zachenhofer

Umschlag- und Buchgestaltung sowie grafische Umsetzung: Tina Radulovic – Atelier für Design & Kommunikation

Illustrationen: Tina Radulovic, Freepik

Fotografien: alle Stefan Marxer, außer:
Daniel Schwingenschlögl: 169f
iStock: 41

Österreichische Mykologische Gesellschaft: 82–86, 97 rechts oben und mittleres Bild rechts, 104f, 108–111, 138f, 147 rechts oben

Rupert Pessl: Coverfoto, 2, 4, 7, 9, 12, 15–18, 21, 23, 40, 45, 47, 50–52, 55, 57, 59f, 60 links, 64f, 67 links unten, 68f, 71, 73, 77, 114, 115 links unten, 151f, 154f, 157–159, 163, 166–168, Buchrückseite oben und Mitte

Bibliografische Information der deutschen Nationalbibliothek

Die deutsche Nationalbibliothek verzeichnet diese Publikation in der Deutschen Nationalbibliografie; detaillierte bibliografische Daten sind im Internet über <http://dnb.dnb.de> abrufbar.

ISBN 978-3-7066-2672-9

Wichtiger Hinweis: Die Inhalte in diesem Buch wurden nach dem Wissensstand des Autors sorgfältig verfasst. Dennoch erfolgen alle Angaben ohne Gewähr. Verlag und Autor haften nicht für eventuelle Nachteile oder Schäden, die aus den im Buch gegebenen Anregungen resultieren.